Holt Mathematics

Course 3

Problem Solving Workbook

Teacher's Guide

HOLT, RINEHART AND WINSTON

A Harcourt Education Company

Orlando • **Austin** • New York • San Diego • London

Printed in the United States of America

ISBN 0-03-079754-3

5 170 09 08

LESSON 1-1
Problem Solving
Variables and Expressions

Write the correct answer.

1. If l is the length of a room and w is the width, then lw can be used to find the area of the room. Find the area of a room with $l = 10$ ft and $w = 15$ ft.

   150 square feet

2. If l is the length of a room and w is the width, $2l + 2w$ can be used to find the perimeter of the room. Find the perimeter of a room with $l = 12$ ft and $w = 16$ ft.

   56 feet

3. Jaime earns 20% commission on her sales. If s is her total sales, then $0.2s$ can be used to find the amount she earns in commission. Find her commission if her sales are $1200.

   $240

4. If p is the regular hourly rate of pay, then $1.5p$ can be used to find the overtime rate of pay. Find the overtime rate of pay if the regular hourly rate of pay is $6.00 per hour.

   $9.00 per hour

Choose the letter for the best answer.

5. A plumber charges a fee of $75 per service call plus $15 per hour. If h is the number of hours the plumber works, then $75 + 15h$ can be used to find the total charges. Find the total charges if the plumber works 2.5 hours.
   - A $37.50
   - (B) $112.50
   - C $225
   - D $1127.50

6. Tickets to the movies cost $4 for students and $6 for adults. If s is the number of students and a is the number of adults, $4s + 6a$ can be used to find the cost of the tickets. Find the cost of the tickets for 3 students and 2 adults.
   - F $15
   - G $17
   - (H) $24
   - J $26

7. If c is the number of cricket chirps in a minute, then the expression $0.25c + 20$ can be used to estimate the temperature in degrees Farenheit. If there are 92 cricket chirps in a minute, find the temperature.
   - (A) 43 degrees
   - B 33 degrees
   - C 102 degrees
   - D 75 degrees

8. Flowers are sold in flats of 6 plants each. If f is the number of flats, then $6f$ can be used to find the number of flowers. Find the number of flowers in 18 flats.
   - F 3 flowers
   - (G) 108 flowers
   - H 24 flowers
   - J 12 flowers

LECCIÓN 1-1
Resolución de problemas
Variables y expresiones

Escribe la respuesta correcta.

1. Si l es la longitud de una habitación y a es el ancho, entonces se puede usar la para hallar el área de la habitación. Halla el área de una habitación de $l = 10$ pies y $a = 15$ pies.

   150 pies cuadrados

2. Si l es la longitud de una habitación y a es el ancho, entonces se puede usar $2l + 2a$ para hallar el perímetro de la habitación. Halla el perímetro de una habitación de $l = 12$ pies y $a = 16$ pies.

   56 pies

3. Jaime gana 20% de comisión sobre sus ventas. Si v son sus ventas totales, entonces se puede usar $0.2v$ para hallar la cantidad de dinero que gana de comisión. Halla su comisión si sus ventas totales son $1200.

   $240

4. Si p es la tasa de pago por hora normal, entonces se puede usar $1.5p$ para hallar la tasa de pago por hora extra. Halla la tasa de pago por hora extra si la tasa de pago por hora normal es $6.00 por hora.

   $9.00 por hora

Elige la letra de la mejor respuesta.

5. Un plomero cobra una tarifa de $75 por visita más $15 por hora. Si h es la cantidad de horas que el plomero trabaja, entonces se puede usar $75 + 15h$ para hallar el costo total de su trabajo. Halla el costo total si el plomero trabaja 2.5 horas.
   - A $37.50
   - (B) $112.50
   - C $225
   - D $1127.50

6. Las entradas para el cine les cuestan $4 a los estudiantes y $6 a los adultos. Si e es la cantidad de estudiantes y a es la cantidad de adultos, se puede usar $4e + 6a$ para hallar el costo de las entradas. Halla el costo de las entradas para 3 estudiantes y 2 adultos.
   - F $15
   - G $17
   - (H) $24
   - J $26

7. Si c es la cantidad de veces que un grillo canta por minuto, entonces se puede usar la expresión $0.25c + 20$ para estimar la temperatura en grados Fahrenheit. Si un grillo canta 92 veces por minuto, halla la temperatura.
   - (A) 43 grados
   - B 33 grados
   - C 102 grados
   - D 75 grados

8. Las flores se venden en canteros de 6 plantas cada uno. Si c es la cantidad de canteros, entonces se puede usar $6c$ para hallar la cantidad de flores. Halla la cantidad de flores que hay en 18 canteros.
   - F 3 flores
   - (G) 108 flores
   - H 24 flores
   - J 12 flores

LESSON 1-2
Problem Solving
Algebraic Expressions

Write the correct answer.

1. Morton bought 15 new books to add to his collection of books b. Write an algebraic expression to evaluate the total number of books in Morton's collection if he had 20 books in his collection.

   $15 + b$; 35 books

2. Paul exercises m minutes per day 5 days a week. Write an algebraic expression to evaluate how many minutes Paul exercises each week if he exercises 45 minutes per day.

   $5m$; 225 minutes

3. Helen bought 3 shirts that each cost s dollars. Write an algebraic expression to evaluate how much Helen spent in all if each shirt cost $22.

   $3s$; $66

4. Claire makes b bracelets to divide evenly among four friends and herself. Write an algebraic expression to evaluate the number of bracelets each person will receive if Claire makes 15 bracelets.

   $\frac{b}{5}$; 3 bracelets

Choose the letter for the best answer.

5. Jonas collects baseball cards. He has 245 cards in his collection. For his birthday, he received r more cards, then he gave his brother g cards. Which algebraic expression represents the total number of cards he now has in his collection?
   - A $245 + r + g$
   - B $245 - r - g$
   - (C) $245 + r - g$
   - D $r + g - 245$

6. Monique is saving money for a computer. She has m dollars saved. For her birthday, her dad doubled her money, but then she spent s dollars on a shirt. Which algebraic expression represents the amount of money she has now saved for her computer?
   - F $m + 2 - s$
   - (G) $2m - s$
   - H $2m + s$
   - J $m + 2s$

7. Which algebraic expression represents the number of years in m months?
   - A $12m$
   - (B) $\frac{m}{12}$
   - C $12 + m$
   - D $12 - m$

8. Which algebraic expression represents how many minutes are in h hours?
   - (F) $60h$
   - G $\frac{h}{60}$
   - H $h + 60$
   - J $h - 60$

LECCIÓN 1-2
Resolución de problemas
Expresiones algebraicas

Escribe la respuesta correcta.

1. Morton compró 15 libros nuevos para agregar a su colección de libros l. Escribe una expresión algebraica para evaluar la cantidad total de libros de la colección de Morton si tenía 20 libros en su colección.

   15 + b; 35 libros

2. Paul hace m minutos de ejercicios por día, 5 días por semana. Escribe una expresión algebraica para evaluar cuántos minutos de ejercicios hace por semana si hace 45 minutos de ejercicios por día.

   $5m$; 225 minutos

3. Helen compró 3 camisetas a c dólares cada una. Escribe una expresión algebraica para evaluar cuánto gastó Helen en total si cada camiseta costó $22.

   $3c$; $66

4. Claire hace p pulseras para repartirlas entre sus cuatro amigas y ella. Escribe una expresión algebraica para evaluar la cantidad de pulseras que recibirá cada persona si Claire hace 15 pulseras.

   $\frac{p}{5}$; 3 pulseras

Elige la letra de la mejor respuesta.

5. Jonas colecciona tarjetas de béisbol. Tiene 245 tarjetas en su colección. Para su cumpleaños recibió r tarjetas más, luego dio d tarjetas a su hermano. ¿Qué expresión algebraica representa la cantidad total de tarjetas que tiene ahora en su colección?
   - A $245 + r + g$
   - B $245 - r - g$
   - (C) $245 + r - g$
   - D $r + g - 245$

6. Monique está ahorrando dinero para una computadora. Ha ahorrado d dólares. Para su cumpleaños, su padre duplicó su dinero, pero luego ella gastó c dólares en una camiseta. ¿Qué expresión algebraica representa la cantidad de dinero que tiene actualmente ahorrado para su computadora?
   - F $m + 2 - s$
   - (G) $2m - s$
   - H $2m + s$
   - J $m + 2s$

7. ¿Qué expresión algebraica representa la cantidad de años en m meses?
   - A $12m$
   - (B) $\frac{m}{12}$
   - C $12 + m$
   - D $12 - m$

8. ¿Qué expresión algebraica representa la cantidad de minutos que hay en h horas?
   - (F) $60h$
   - G $\frac{h}{60}$
   - H $h + 60$
   - J $h - 60$

LESSON 1-3

Problem Solving

Integers and Absolute Value

Write the correct answer.

1. In Africa, Lake Asal reaches a depth of −153 meters. In Asia, the Dead Sea reaches a depth of −408 meters. Which reaches a greater depth, Lake Asal or the Dead Sea?

   Dead Sea

2. Jeremy's scores for four golf games are: −1, 2, −3, and 1. Order his golf scores from least to greatest.

   −3, −1, 1, 2

3. The lowest point in North America is Death Valley with an elevation of −282 feet. South America's lowest point is the Valdes Peninsula with an elevation of −131 feet. Which continent has the lowest point?

   North America

4. Two undersea cameras are taking time lapse photos in a coral reef. The first camera is mounted at −45 feet. The second camera is mounted at −25. Which camera is closer to the surface?

   the second camera

Use the table to answer Exercises 5–7. Choose the letter of the best answer.

State Low Temperature Records

State	Temperature (°F)
Alabama	−27
Indiana	−36
Massachusetts	−35
Texas	−23

5. Which state had the coldest temperature?

   A Alabama C Massachusetts
   (B) Indiana D Texas

6. Which is the greatest temperature listed?

   F −27°F H −35°F
   G −36°F (J) −23°F

7. The lowest temperature recorded in Connecticut was between the lowest temperatures recorded in Alabama and Massachusetts. Which could be the lowest temperature recorded in Connecticut?

   A −40°F (C) −32°F
   B −37°F D −40°F

LECCIÓN 1-3

Resolución de problemas

Enteros y valor absoluto

Escribe la respuesta correcta.

1. En África, el lago Assal alcanza una profundidad de −153 metros. En Asia, el mar Muerto alcanza una profundidad de −408 metros. ¿Cuál alcanza una mayor profundidad: el lago Assal o el mar Muerto?

   el mar Muerto

2. Los puntajes de Jeremy en 4 partidos de golf son:−1, 2, −3, y 1. Ordena sus puntajes de golf de menor a mayor.

   −3, −1, 1, 2

3. El punto más bajo de América del Norte es el Valle de la Muerte, con una profundidad de −282 pies. El punto más bajo de América del Sur es la Península Valdés, con una profundidad de −131 pies. ¿Qué parte del continente tiene el punto más bajo?

   América del Norte

4. Dos cámaras submarinas están tomando fotografías a intervalos en un arrecife de coral. La primera cámara está montada a −45 pies. La segunda cámara está montada a −25. ¿Qué cámara está más cerca de la superficie?

   la segunda cámara

Usa la siguiente tabla para responder a los ejercicios del 5 al 7. Elige la letra de la mejor respuesta.

Registros de temperaturas mínimas en distintos estados

Estado	Temperatura (°F)
Alabama	−27
Indiana	−36
Massachusetts	−35
Texas	−23

5. ¿En qué estado se registró la temperatura más fría?

   A en Alabama C en Massachusetts
   (B) en Indiana D en Texas

6. ¿Cuál es la temperatura más alta de la lista?

   F −27° F H −35° F
   G −36° F (J) −23° F

7. La temperatura mínima registrada en Connecticut estuvo entre las temperaturas mínimas registradas en Alabama y en Massachussets. ¿Cuál pudo haber sido la temperatura mínima registrada en Connecticut?

   A −40° F (C) −32° F
   B −37° F D −40° F

LESSON 1-4

Problem Solving

Adding Integers

Use the following information for Exercises 1–3. In golf, par 73 means that a golfer should take 73 strokes to finish 18 holes. A score of 68 is 5 under par, or −5. A score of 77 is 4 over par, or +4.

Tiger Woods's Scores
Mercedes Championship
January 6, 2002
Par 73 course

Round	Score
1	68
2	74
3	74
4	65

1. Use integers to write Tiger Woods's score for each round as over or under par.

   −5, +1, +1, −8

2. Add the integers to find Tiger Woods's overall score.

   −11

3. Was Tiger Woods's overall score over or under par?

   11 under par

Choose the letter for the best answer.

4. At 9:00 A.M., the temperature was −15°. An hour later, the temperature had risen 7°. What is the temperature now?

   A −22° (C) −8°
   B 8° D 22°

5. Sandra is reviewing her savings account statement. She withdrew amounts of $35, $20, and $15. She deposited $65. If her starting balance was $657, find the new balance.

   (F) $652 H $662
   G $522 J $507

6. During a possession in a football game, the Vikings gained 22 yards, lost 15 yards, gained 3 yards, gained 20 yards and lost 5 yards. At the end of the possession, how many yards had they lost or gained?

   A gained 43 yards
   B lost 43 yards
   C lost 25 yards
   (D) gained 25 yards

7. A submarine is cruising at 40 m below sea level. The submarine ascends 18 m. What is the submarine's new location?

   F 58 m below sea level
   (G) 22 m below sea level
   H 18 m below sea level
   J 12 m below sea level

LECCIÓN 1-4

Resolución de problemas

Cómo sumar enteros

Usa la siguiente información para los ejercicios del 1 al 3. En el golf, par 73 significa que un golfista debería dar 73 golpes para completar 18 hoyos. Un puntaje de 68 es 5 bajo par, ó −5. Un puntaje de 77 es 4 sobre par ó +4.

Puntajes de Tiger Woods
Campeonato Mercedes
6 de enero de 2002
Campo de par 73

Ronda	Puntaje
1	68
2	74
3	74
4	65

1. Usa enteros para anotar el puntaje de Tiger Woods en cada ronda como sobre o bajo par.

   −5, +1, +1, −8

2. Suma los enteros para hallar el puntaje general de Tiger Woods.

   −11

3. El puntaje general de Tiger Woods, ¿estuvo sobre o bajo par?

   11 bajo par

Elige la letra de la mejor respuesta.

4. A las 9:00 am la temperatura era −15°. Una después, la temperatura había subido 7°. ¿Cuál es la temperatura ahora?

   A −22° (C) −8°
   B 8° D 22°

5. Sandra está revisando el estado de su cuenta de ahorros. Retiró sumas de $35, $20 y $15. Depositó $65. Si su saldo inicial era $657, halla el nuevo saldo.

   (F) $652 H $662
   G $522 J $507

6. Con la pelota en su posesión durante un partido de fútbol americano, los Vikings ganaron 22 yardas, perdieron 15 yardas, ganaron 3 yardas, ganaron 20 yardas y perdieron 5 yardas. Al terminar su periodo de posesión de la pelota, ¿cuántas yardas habían perdido o ganado?

   A Habían ganado 43 yardas.
   B Habían perdido 43 yardas.
   C Habían perdido 25 yardas.
   (D) Habían ganado 25 yardas.

7. Un submarino está navegando a 40 m por debajo del nivel del mar. El submarino sube 18 m. ¿Cuál es la nueva posición del submarino?

   F 58 m por debajo del nivel del mar
   (G) 22 m por debajo del nivel del mar
   H 18 m por debajo del nivel del mar
   J 12 m por debajo del nivel del mar

LESSON 1-5

Problem Solving

Subtracting Integers

Write the correct answer.

1. In Fairbanks, Alaska, the average January temperature is −13°F, while the average April temperature is 30°F. What is the difference between the average temperatures?

   43°F

2. The highest point in North America is Mt. McKinley, Alaska, at 20,320 ft above sea level. The lowest point is Death Valley, California, at 282 ft below sea level. What is the difference in elevations?

   20,602 ft

3. The temperature fell from 44°F to −56°F in 24 hours in Browning, Montana, on January 23–24, 1916. By how many degrees did the temperature change?

   100°F

4. The boiling point of chlorine is −102°C, while the melting point is −34°C. What is the difference between the melting and boiling points of chlorine?

   68°C

Use the table below to answer Exercises 5–7. The table shows the first and fifth place finishers in a golf tournament. In golf, the winner has the lowest total for all five rounds. Choose the letter for the best answer.

Bob Hope Chrysler Classic
January 20, 2002

Round	J. Kelly	P. Mickelson
1	−8	−8
2	−3	−5
3	−7	−2
4	−4	−7
5	−5	−8

5. By how many points did Mickelson beat Kelly in Round 2?
   - (A) 2
   - C 5
   - B 3
   - D 8

6. By how many points did Kelly beat Mickelson in Round 3?
   - F 2
   - (H) 5
   - G 3
   - J 9

7. Who won the Bob Hope Chrysler Classic and how many points difference was there between first and fifth place?
   - A Kelly; 4
   - C Kelly; 3
   - B Mickelson; 4
   - (D) Mickelson; 3

LECCIÓN 1-5

Resolución de problemas

Cómo restar enteros

Escribe la respuesta correcta.

1. En Fairbanks, Alaska, la temperatura promedio de enero es −13° F, mientras que la temperatura promedio de abril es 30° F. ¿Cuál es la diferencia entre las temperaturas promedio?

   43° F

2. El punto más alto de América del Norte es el monte McKinley, en Alaska, con 20,320 pies sobre el nivel del mar. El punto más bajo es el Valle de la Muerte, en California, con 282 pies por debajo del nivel del mar. ¿Qué diferencia hay entre los dos puntos?

   20,602 pies

3. Entre el 23 y el 24 de enero de 1916, en Browning, Montana, la temperatura bajó de 44° F a −56° F en 24 horas. ¿Cuántos grados cambió la temperatura?

   100° F

4. El punto de ebullición del cloro es −102° C, mientras que el punto de fusión es −34° C. ¿Qué diferencia hay entre el punto de fusión y el punto de ebullición del cloro?

   68° C

Usa la siguiente tabla para responder a los ejercicios del 5 al 7. En la tabla se muestra al primer y al quinto finalista de un torneo de golf. En el golf, el ganador es quien obtiene el total más bajo en las cinco rondas. Elige la letra de la mejor respuesta.

Torneo Bob Hope Chrysler Classic
20 de enero de 2002

Ronda	J. Kelly	P. Mickelson
1	−8	−8
2	−3	−5
3	−7	−2
4	−4	−7
5	−5	−8

5. ¿Por cuántos puntos venció Mickelson a Kelly en la 2da ronda?
   - (A) 2
   - C 5
   - B 3
   - D 8

6. ¿Por cuántos puntos venció Kelly a Mickelson en la 3ra ronda?
   - F 2
   - (H) 5
   - G 3
   - J 9

7. ¿Quién ganó el torneo Bob Hope Chrysler Classic y cuántos puntos de diferencia hubo entre el primer y el quinto lugar?
   - A Kelly; 4
   - C Kelly; 3
   - B Mickelson; 4
   - (D) Mickelson; 3

LESSON 1-6

Problem Solving

Multiplying and Dividing Integers

Write the correct answer.

1. A submersible started at the surface of the water and was moving down at −12 meters per minute toward the ocean floor. The submersible traveled at this rate for 32 minutes before coming to rest on the ocean floor. What is the depth of the ocean floor?

   −384 m

2. For the first week in January, the daily high temperatures in Bismarck, North Dakota, were 7°F, −10°F, −10°F, −7°F, 8°F, 12°F, and 14°F. What was the average daily high temperature for the week?

   2°F

3. Sally went golfing and recorded her scores as −2 on the first hole, −2 on the second hole, and 1 on the third hole. What is her average for the first three holes?

   −1

4. The ocean floor is at −96 m. Tom has reached −15 m. If he continues to move down at −3 m per minute, how far will he be from the ocean floor after 7 minutes?

   60 m

Use the table below to answer Exercises 5–7. Choose the letter for the best answer.

Calories Consumed or Burned

Food or Exercise	Calories
Apple	125
Pepperoni pizza (slice)	181
Hamburger	425
Basketball (1hr)	−545
In-line skating (1 hr)	−477
Frisbee (1 hr)	−205

5. What is the caloric impact of 2 hours of in-line skating?
   - A −477 Cal
   - C −583 Cal
   - B −479 Cal
   - (D) −954 Cal

6. What is the caloric impact of eating a hamburger and then playing Frisbee for 3 hours?
   - F 220 Cal
   - H 190 Cal
   - (G) −190 Cal
   - J −220 Cal

7. Tim plays basketball for 1 hour, skates for 5 hours, and plays Frisbee for 4 hours. What is the average amount of calories Tim burns per hour?
   - (A) −375 Cal
   - C −545 Cal
   - B −1250 Cal
   - D −409 Cal

LECCIÓN 1-6

Resolución de problemas

Cómo multiplicar y dividir enteros

Escribe la respuesta correcta.

1. Un sumergible comenzó a navegar por la superficie del agua y descendió a −12 metros por minuto hacia el fondo del océano. El sumergible viajó a esta velocidad durante 32 minutos antes de detenerse en el fondo del océano. ¿Cuál es la profundidad del fondo del océano?

   −384 m

2. Las temperaturas máximas diarias en Bismark, Dakota del Norte, durante la primera semana de enero fueron 7° F, −10° F, −10° F, −7° F, 8°F, 12° F y 14° F. ¿Cuál fue la temperatura máxima diaria promedio durante esa semana?

   2° F

3. Sally fue a jugar al golf y registró sus puntajes como −2 en el primer hoyo, −2 en el segundo hoyo y 1 en el tercer hoyo. ¿Cuál es su promedio para los tres primeros hoyos?

   −1

4. El fondo del océano se encuentra a −96 m. Tom ha alcanzado los −15 m. Si continúa bajando a −3 m por minuto, ¿a qué distancia estará del fondo del océano después de 7 minutos?

   a 60 m

Usa la siguiente tabla para responder a los ejercicios del 5 al 7. Elige la letra de la mejor respuesta.

Calorías consumidas o quemadas

Comida o actividad	Calorías
Manzana	125
Pizza con salchichón (porción)	181
Hamburguesa	425
Básquetbol (1h)	−545
Patinaje sobre ruedas (1 h)	−477
Frisbee (1 h)	−205

5. ¿Cuál es el impacto calórico de hacer dos horas de patinaje sobre ruedas?
   - A −477 Cal
   - C −583 Cal
   - B −479 Cal
   - (D) −954 Cal

6. ¿Cuál es el impacto calórico de comer una hamburguesa y luego jugar con un Frisbee durante 3 horas?
   - F 220 Cal
   - H 190 Cal
   - (G) −190 Cal
   - J −220 Cal

7. Tim juega al básquetbol durante 1 hora, patina durante 5 horas y juega al Frisbee durante 4 horas. ¿Qué cantidad promedio de calorías quema Tim por hora?
   - (A) −375 Cal
   - C −545 Cal
   - B −1250 Cal
   - D −409 Cal

LESSON 1-7
Problem Solving
Solving Equations by Adding or Subtracting

Write the correct answer.

1. The 1954 elevation of Mt. Everest was 29,028 ft. In 1999, that elevation was revised to be 29,035 ft. Write an equation to find the change c in elevation of Mt. Everest.

   $29{,}028 + c = 29{,}035$

2. The difference between the boiling and melting points of fluorine is 32°C. If the boiling point of fluorine is −188°C, write an equation and solve to find the melting point m of fluorine.

   $-188 - m = 32;$

   $m = -220°C$

3. Lisa sold her old bike for $140 less than she paid for it. She sold the bike for $85. Write and solve an equation to find how much Lisa paid for her bike.

   $p - 140 = 85;$

   $p = \$225$

4. The average January temperature in Fairbanks, Alaska, is −13°F. The April average is 43°F higher than the January average. Write an equation to find the average April temperature.

   $a - (-13) = 43;$

   $a = 30°F$

Choose the letter for the best answer.

5. A survey found that female teens watched 3 hours of TV per week less than male teens. The female teens reported watching an average of 18 hours of TV. Find the number of hours h the male teens watched.

   A $h = 6$ C $h = 18$
   B $h = 15$ (D) $h = 21$

6. It costs about $125 more per year to feed a hamster than it does to feed a bird. If it costs $256 per year to feed a hamster, find the cost c to feed a bird.

   (F) $c = \$131$ H $c = \$256$
   G $c = \$125$ J $c = \$381$

7. Naples, Florida, is the second fastest growing U.S. metropolitan area. From 1990 to 2000, the population increased by 99,278. If the 2000 population was 251,377, find the population p in 1990.

   A $p = 253{,}377$ C $p = 249{,}377$
   B $p = 350{,}655$ (D) $p = 152{,}099$

8. In 1940, the life expectancy for a female was 65 years. In 1999, the life expectancy for a female was 79 years. Find the increase in the life expectancy for females.

   (F) 14 yrs H −14 yrs
   G 1.2 yrs J 144 yrs

LECCIÓN 1-7
Resolución de problemas
Cómo resolver ecuaciones mediante la suma o la resta

Escribe la respuesta correcta.

1. En 1954, la altura del monte Everest era 29,028 pies. En 1999 se hizo una corrección y se fijó la altura en 29,035 pies. Escribe una ecuación para hallar el cambio c en la altura del monte Everest.

   $29{,}028 + c = 29{,}035$

2. La diferencia entre el punto de ebullición y el punto de fusión del flúor es 32° C. Si el punto de ebullición del flúor es −188° C, escribe y resuelve una ecuación para hallar el punto de fusión f del flúor.

   $-188 - f = 32;$

   $f = -220°\ C$

3. Lisa vendió su bicicleta a $140 menos de lo que la había pagado. La vendió a $85. Escribe y resuelve una ecuación para hallar cuánto había pagado Lisa por su bicicleta.

   $p - 140 = 85;$

   $p = \$225$

4. La temperatura promedio de enero en Fairbanks, Alaska, es −13° F. La temperatura promedio de abril es 43° F mayor que la temperatura promedio de enero. Escribe una ecuación para hallar la temperatura promedio de abril.

   $p - (-13) = 43;$

   $p = 30°\ F$

Elige la letra de la mejor respuesta.

5. Se hizo una encuesta y se observó que las adolescentes mujeres miraban 3 horas menos de televisión por semana que los adolescentes varones. Las adolescentes mujeres dijeron mirar un promedio de 18 horas de televisión. Halla la cantidad de horas h de televisión que miraban los adolescentes varones.

   A $h = 6$ C $h = 18$
   B $h = 15$ (D) $h = 21$

6. Alimentar a un hámster cuesta alrededor de $125 más por año que alimentar a un pájaro. Si alimentar a un hámster cuesta $256 por año, halla el costo c de alimentar a un pájaro.

   (F) $c = \$131$ H $c = \$256$
   G $c = \$125$ J $c = \$381$

7. Naples, Florida es la segunda área metropolitana de crecimiento más rápido en EE.UU. De 1990 al año 2000 la población aumentó en 99,278. Si la población del año 2000 era 251,377, halla la población p de 1990.

   A $p = 253{,}377$ C $p = 249{,}377$
   B $p = 350{,}655$ (D) $p = 152{,}099$

8. En 1940, la expectativa de vida para una mujer era 65 años. En 1999, la expectativa de vida para una mujer era 79 años. Halla el aumento en la expectativa de vida para las mujeres.

   (F) 14 años H −14 años
   G 1.2 años J 144 años

LESSON 1-8
Problem Solving
Solving Equations by Multiplying or Dividing

Write the correct answer.

1. Brett is preparing to participate in a 250-kilometer bike race. He rides a course near his house that is 2 km long. Write an equation to determine how many laps he must ride to equal the distance of the race.

   $2l = 250$

2. The average life span of a duck is 10 years, which is one year longer than three times the average life span of a guinea pig. Write and solve an equation to determine the lifespan of a guinea pig.

   $3y + 1 = 10;\ y = 3$

3. The speed of a house mouse is one-fourth that of a giraffe. If a house mouse can travel at 8 mi/h, what is the speed of a giraffe? Write an equation and solve.

   $\frac{g}{4} = 8;\ g = 32;$

   32 mi/h

4. In 2005, the movie with the highest box office sales was *Titanic,* which made about 3 times the box office sales of *Charlie and the Chocolate Factory*. If *Titanic* made about $600 million, about how much did *Charlie and the Chocolate Factory* make? Write an equation and solve.

   $3s = 600;\ s = 200;$

   about $200 million

Choose the letter for the best answer.

5. Farmland is often measured in acres. A farm that is 1920 acres covers 3 square miles. Find the number of acres a in one square mile.

   A 9 acres (C) 640 acres
   B 213 acres D 4860 acres

6. When Maria doubles a recipe, she uses 8 cups of flour. How many cups of flour are in the original recipe?

   F 2 cups H 8 cups
   (G) 4 cups J 16 cups

7. The depth of water is often measured in fathoms. A fathom is six feet. If the maximum depth of the Gulf of Mexico is 2395 fathoms, what is the maximum depth in feet?

   (A) 14,370 ft C 29,250 ft
   B 98,867 ft D 175,464 ft

8. Four times as many pet birds have lived in the White House as pet goats. Sixteen pet birds have lived in the White House. How many pet goats have there been?

   (F) 4 H 12
   G 20 J 64

LECCIÓN 1-8
Resolución de problemas
Cómo resolver ecuaciones mediante la multiplicación o la división

Escribe la respuesta correcta.

1. Brett se está preparando para participar en una carrera de bicicletas de 250 kilómetros. Anda en un circuito cerca de su casa que tiene 2 km de largo. Escribe una ecuación para determinar cuántas vueltas debe dar para igualar la distancia de la carrera.

   $2v = 250$

2. El período de vida promedio de un pato es 10 años, que es un año más que el triple del período de vida promedio de un conejillo de Indias. Escribe y resuelve una ecuación para determinar el período de vida de un conejillo de Indias.

   $3a + 1 = 10;\ a = 3$

3. La velocidad de un ratón es un cuarto de la velocidad de una jirafa. Si un ratón se desplaza a 8 mi/h, ¿cuál es la velocidad de una jirafa? Escribe una ecuación y resuélvela.

   $\frac{j}{4} = 8;\ j = 32;$

   32 mi/h

4. En el año 2005, la película más taquillera fue *Titanic,* que recaudó alrededor del triple de lo que recaudó *Charlie y la fábrica de chocolate.* Si *Titanic* recaudó alrededor de $600 millones, ¿cuánto recaudó *Charlie y la fábrica de chocolate* aproximadamente? Escribe una ecuación y resuélvela.

   $3r = 600;\ r = 200;$

   alrededor de $200 millones

Elige la letra de la mejor respuesta.

5. Las tierras de labranza generalmente se miden en acres. Una granja de 1920 acres cubre 3 millas cuadradas. Halla la cantidad de acres a en una milla cuadrada.

   A 9 acres C 640 acres
   B 213 acres D 4860 acres

6. Cuando María duplica una receta, usa 8 tazas de harina. ¿Cuántas tazas de harina hay en la receta original?

   F 2 tazas H 8 tazas
   (G) 4 tazas J 16 tazas

7. La profundidad del agua suele medirse en brazas. Una braza mide seis pies. Si la profundidad máxima del Golfo de México es 2395 brazas, ¿cuál es la profundidad máxima en pies?

   (A) 14,370 pies C 29,250 pies
   B 98,867 pies D 175,464 pies

8. En la Casa Blanca han tenido como mascotas aves y cabras. La cantidad de aves ha sido cuatro veces la cantidad de cabras. Si han tenido dieciséis aves, ¿cuántas cabras se habrán tenido como mascotas en la Casa Blanca?

   (F) 4 H 12
   G 20 J 64

LESSON **1-9**

Problem Solving

Introduction to Inequalities

Use the table.

Top 3 U.S. Cities by Population 2000

Rank	City	Population
1	New York	8,008,278
2	Los Angeles	p
3	Chicago	2,896,016

1. Write an inequality that compares the population p of Los Angeles to the population of New York.

   $p < 8{,}008{,}278$

2. Write an inequality that compares the population p of Los Angeles to the population of Chicago.

   $p > 2{,}896{,}016$

Write the correct answer.

3. Paul wants to ride his bike at least 30 miles this week to train for a race. He has already ridden 18 miles. How many more miles should Paul ride this week?

   $m \geq 12$ mi

4. To avoid a service charge, Jose must keep more than $500 in his account. His current balance is $536, but he plans to write a check for $157. Find the amount of the deposit d Jose must make to avoid a service charge.

   $d > 121$

Choose the letter for the best answer.

5. Mia wants to spend no more than $10 on an ad in the paper. The first 10 words cost $3. Find the amount of money m she has left to spend on the ad.

   A $m \geq 7$ (C) $m \leq 7$
   B $m \leq 13$ D $m \geq 13$

6. An auto shop estimates parts and labor for a repair will cost less than $200. Parts will cost $59. Find the maximum cost c of the labor.

   (F) $c < \$141$ H $c > \$141$
   G $c < \$259$ J $c > \$259$

7. To advance to the next level of a competition, Rachel must earn at least 180 points. She has already earned 145 points. Find the number of points p she needs to advance to the next level of the competition.

   A $p \leq 35$ (C) $p \geq 35$
   B $p \leq 325$ D $p \geq 325$

8. The Conway's hiked more than 25 miles on their backpacking trip. If they hiked 8 miles on their last day, find how many miles m they hiked on the rest of the trip.

   (F) $m > 17$ H $m < 17$
   G $m > 33$ J $m < 33$

LECCIÓN **1-9**

Resolución de problemas

Introducción a las desigualdades

Usa la tabla.

Principales 3 ciudades de EE.UU. según la población del año 2000

Posición	Ciudad	Población
1	Nueva York	8,008,278
2	Los Ángeles	p
3	Chicago	2,896,016

1. Escribe una desigualdad para comparar la población p de Los Ángeles con la población de Nueva York.

   $p < 8{,}008{,}278$

2. Escribe una desigualdad para comparar la población p de Los Ángeles con la población de Chicago.

   $p > 2{,}896{,}016$

Escribe la respuesta correcta.

3. Paul quiere andar en bicicleta al menos 30 millas esta semana para entrenarse para una carrera. Ya ha andado 18 millas. ¿Cuántas millas más debería andar esta semana?

   $m \geq 12$ mi

4. Para evitar un recargo, José debe tener más de $500 en su cuenta. El saldo actual indica $536, pero José pien-sa hacer un cheque por $157. Halla la cantidad de dinero del depósito d que José debe hacer para evitar el recargo.

   $d > 121$

Elige la letra de la mejor respuesta.

5. Mia no quiere gastar más de $10 en un aviso en el periódico. Las primeras 10 palabras cuestan $3. Halla la cantidad de dinero d que le queda para gastar en el aviso.

   A $d \geq 7$ (C) $d \leq 7$
   B $d \leq 13$ D $d \geq 13$

6. Un taller mecánico estima que los repuestos y la mano de obra de una reparación costarán menos de $200. Los repuestos costarán $59. Halla el costo máximo c de la mano de obra.

   (F) $c < \$141$ H $c > \$141$
   G $c < \$259$ J $c > \$259$

7. Para pasar al siguiente nivel de una competencia, Rachel debe ganar al menos 180 puntos. Ya ha ganado 145 puntos. Halla la cantidad de puntos p que necesita para pasar al siguiente nivel de la competencia.

   A $p \leq 35$ (C) $p \geq 35$
   B $p \leq 325$ D $p \geq 325$

8. La familia Conway caminó más de 25 millas en su viaje como mochileros. Si caminaron 8 millas durante su último día, halla cuántas millas m caminaron durante el resto del viaje.

   (F) $m > 17$ H $m < 17$
   G $m > 33$ J $m < 33$

LESSON **2-1**

Problem Solving

Rational Numbers

Write the correct answer.

1. Fill in the table below which shows the sizes of drill bits in a set.

2. Do the drill bit sizes convert to repeating or terminating decimals?

   Terminating decimals

13-Piece Drill Bit Set

Fraction	Decimal	Fraction	Decimal	Fraction	Decimal
$\frac{1}{4}$"	0.25	$\frac{11}{64}$"	0.171875	$\frac{3}{32}$"	0.09375
$\frac{15}{64}$"	0.234375	$\frac{5}{32}$"	0.15625	$\frac{5}{64}$"	0.078125
$\frac{7}{32}$"	0.21875	$\frac{9}{64}$"	0.140625	$\frac{1}{16}$"	0.0625
$\frac{13}{64}$"	0.203125	$\frac{1}{8}$"	0.125		
$\frac{3}{16}$"	0.1875	$\frac{7}{64}$"	0.109375		

Use the table at the right that lists the world's smallest nations. Choose the letter for the best answer.

World's Smallest Nations

Nation	**Area** (square miles)
Vatican City	0.17
Monaco	0.75
Nauru	8.2

3. What is the area of Vatican City expressed as a fraction in simplest form?

   A $\frac{8}{50}$ C $\frac{17}{1000}$
   B $\frac{4}{25}$ (D) $\frac{17}{100}$

4. What is the area of Monaco expressed as a fraction in simplest form?

   F $\frac{75}{100}$ (H) $\frac{3}{4}$
   G $\frac{15}{20}$ J $\frac{2}{3}$

5. What is the area of Nauru expressed as a mixed number?

   A $8\frac{1}{50}$ C $8\frac{2}{100}$
   B $8\frac{2}{50}$ (D) $8\frac{1}{5}$

6. The average annual precipitation in Miami, FL is 57.55 inches. Express 57.55 as a mixed number.

   (F) $57\frac{11}{20}$ H $57\frac{5}{100}$
   G $57\frac{55}{1000}$ J $57\frac{1}{20}$

7. The average annual precipitation in Norfolk, VA is 45.22 inches. Express 45.22 as a mixed number.

   (A) $45\frac{11}{50}$ C $45\frac{11}{20}$
   B $45\frac{22}{1000}$ D $45\frac{1}{5}$

LECCIÓN **2-1**

Resolución de problemas

Números racionales

Escribe la respuesta correcta.

1. Completa la siguiente tabla, en la que se muestran los tamaños de las brocas que hay en un juego.

2. Los tamaños de las brocas, ¿se convierten en decimales periódicos o en decimales finitos?

   decimales finitos

Juego de brocas de 13 piezas

Fracción	Decimal	Fracción	Decimal	Fracción	Decimal
$\frac{1}{4}$"	0.25	$\frac{11}{64}$"	0.171875	$\frac{3}{32}$"	0.09375
$\frac{15}{64}$"	0.234375	$\frac{5}{32}$"	0.15625	$\frac{5}{64}$"	0.078125
$\frac{7}{32}$"	0.21875	$\frac{9}{64}$"	0.140625	$\frac{1}{16}$"	0.0625
$\frac{13}{64}$"	0.203125	$\frac{1}{8}$"	0.125		
$\frac{3}{16}$"	0.1875	$\frac{7}{64}$"	0.109375		

Usa la tabla de la derecha, en la que se muestran los países más pequeños del mundo. Elige la letra de la mejor respuesta.

Países más pequeños del mundo

País	**Área** (millas cuadradas)
Ciudad del Vaticano	0.17
Mónaco	0.75
Nauru	8.2

3. ¿Cuál es el área de la Ciudad del Vaticano en su mínima expresión?

   A $\frac{8}{50}$ C $\frac{17}{1000}$
   B $\frac{4}{25}$ (D) $\frac{17}{100}$

4. ¿Cuál es el área de Mónaco en su mínima expresión?

   F $\frac{75}{100}$ (H) $\frac{3}{4}$
   G $\frac{15}{20}$ J $\frac{2}{3}$

5. ¿Cuál es el área de Nauru expresada como un número mixto?

   A $8\frac{1}{50}$ C $8\frac{2}{100}$
   B $8\frac{2}{50}$ (D) $8\frac{1}{5}$

6. El promedio anual de precipitaciones en Miami, FL, es 57.55 pulgadas. Expresa 57.55 como un número mixto.

   (F) $57\frac{11}{20}$ H $57\frac{5}{100}$
   G $57\frac{55}{1000}$ J $57\frac{1}{20}$

7. El promedio anual de precipitaciones en Norfolk, VA, es 45.22 pulgadas. Expresa 45.22 como un número mixto.

   (A) $45\frac{11}{50}$ C $45\frac{11}{20}$
   B $45\frac{22}{1000}$ D $45\frac{1}{5}$

LESSON 2-2 **Problem Solving**

Comparing and Ordering Rational Numbers

Write the correct answer.

1. Carl Lewis won the gold medal in the long jump in four consecutive Summer Olympic games. He jumped 8.54 meters in 1984, 8.72 meters in 1988, 8.67 meters in 1992, 8.5 meters in 1996. Order the length of his winning jumps from least to greatest.

   8.5 m, 8.54 m, 8.67 m, 8.72 m

2. Scientists aboard a submarine are gathering data at an elevation of $-42\frac{1}{2}$ feet. Scientists aboard a submersible are taking photographs at an elevation of $-45\frac{1}{3}$ feet. Which scientists are closer to the surface of the ocean?

   scientists aboard the submarine

3. The depth of a lake is measured at three different points. Point A is −15.8 meters, Point B is −17.3 meters, and Point C is −16.9 meters. Which point has the greatest depth?

   Point B

4. At a swimming meet, Gail's time in her first heat was $42\frac{3}{8}$ seconds. Her time in the second heat was 42.25 seconds. Which heat did she swim faster?

   the second heat

The table shows the top times in a 5 K race. Choose the letter of the best answer.

Name	Time (minutes)
Marshall	18.09
Renzo	17.38
Dan	17.9
Aaron	18.61

5. Who had the fastest time in the race?
   A Marshall
   (B) Renzo
   C Dan
   D Aaron

6. Which is the slowest time in the table?
   F 18.09 minutes
   G 17.38
   H 17.9 minutes
   (J) 18.61 minutes

7. Aaron's time in a previous race was less than his time in this race but greater than Marshall's time in this race. How fast could Aaron have run in the previous race?
   A 19.24 min
   B 18.7 min
   (C) 18.35 min
   D 18.05 mi

LECCIÓN 2-2 **Resolución de problemas**

Cómo comparar y ordenar números racionales

Escribe la respuesta correcta.

1. Carl Lewis ganó la medalla de oro en salto de longitud en cuatro Juegos Olímpicos de Verano consecutivos. Saltó 8.54 metros en 1984, 8.72 metros en 1988, 8.67 metros en 1992 y 8.5 metros en 1996. Ordena de menor a mayor la longitud de los saltos con los que ganó.

   8.5 m, 8.54 m, 8.67 m, 8.72 m

2. Un grupo de científicos a bordo de un submarino están recopilando datos a una profundidad de $-42\frac{1}{2}$ pies. Un grupo de científicos a bordo de un sumergible están tomando fotografías a una profundidad de $-45\frac{1}{3}$ pies. ¿Qué grupo de científicos está más cerca de la superficie del océano?

   el grupo de científicos a bordo del submarino

3. Se mide la profundidad de un lago en tres puntos diferentes. El punto A está a −15.8 metros, el punto B está a −17.3 metros y el punto C está a −16.9 metros. ¿Qué punto está a mayor profundidad?

   el punto B

4. En un encuentro de natación, el tiempo de Gail en la primera prueba eliminatoria fue $42\frac{3}{8}$ segundos. Su tiempo en la segunda prueba eliminatoria fue 42.25 segundos. ¿En qué prueba nadó más rápido?

   en la segunda prueba eliminatoria

En la tabla se muestran los 5 mejores tiempos de una carrera de 5 km. Elige la letra de la mejor respuesta.

Nombre	Tiempo (minutos)
Marshall	18.09
Renzo	17.38
Dan	17.9
Aaron	18.61

5. ¿Quién hizo el mejor tiempo de la carrera?
   A Marshall
   (B) Renzo
   C Dan
   D Aaron

6. ¿Cuál es el peor tiempo de la tabla?
   F 18.09 minutos
   G 17.38
   H 17.9 minutos
   (J) 18.61 minutos

7. El tiempo de Aaron en una carrera previa fue menor que su tiempo en esta carrera pero mayor que el tiempo de Marshall en esta carrera. ¿A qué velocidad pudo haber corrido Aaron en la carrera anterior?
   A 19.24 min
   B 18.7 min
   (C) 18.35 min
   D 18.05 min

LESSON 2-3 **Problem Solving**

Adding and Subtracting Rational Numbers

Write the correct answer.

1. In 2004, Yuliya Nesterenko of Belarus won the Olympic Gold in the 100-m dash with a time of 10.93 seconds. In 2000, American Marion Jones won the 100-m dash with a time of 10.75 seconds. How many seconds faster did Marion Jones run the 100-m dash?

   0.18 s

2. The snowfall in Rochester, NY in the winter of 1999–2000 was 91.5 inches. Normal snowfall is about 76 inches per winter. How much more snow fell in the winter of 1999–2000 than is normal?

   15.5 inches

3. In a survey, $\frac{76}{100}$ people indicated that they check their e-mail daily, while $\frac{23}{100}$ check their e-mail weekly, and $\frac{1}{100}$ check their e-mail less than once a week. What fraction of people check their e-mail at least once a week?

   $\frac{99}{100}$

4. To make a small amount of play dough, you can mix the following ingredients: 1 cup of flour, $\frac{1}{2}$ cup of salt and $\frac{1}{2}$ cup of water. What is the total amount of ingredients added to make the play dough?

   2 cups

Choose the letter for the best answer.

Baseball Ticket Prices

Location	Average Price
Minnesota	$14.42
League Average	$19.82
Boston	$40.77

5. How much more expensive is it to buy a ticket in Boston than in Minnesota?
   A $20.95
   (B) $55.19
   C $5.40
   D $26.35

6. How much more expensive is it to buy a ticket in Boston than the league average?
   F $60.59
   (G) $20.95
   H $5.40
   J $26.35

7. What is the total cost of a ticket in Boston and a ticket in Minnesota?
   (A) $55.19
   B $34.24
   C $60.59
   D $54.19

LECCIÓN 2-3 **Resolución de problemas**

Cómo sumar y restar números racionales

Escribe la respuesta correcta.

1. En 2004, Yuliya Nesterenko de Bielorrusia ganó el oro olímpico en los 100 metros planos con un tiempo de 10.93 segundos. En el 2000, la estadounidense Marion Jones ganó los 100 metros planos con un tiempo de 10.75 segundos. ¿Cuántos segundos más rápido corrió Marion Jones los 100 metros planos?

   0.18 s

2. La nieve que cayó en Rochester, NY, durante el invierno de 1999–2000 fue 91.5 pulgadas. Normalmente, caen 76 pulgadas de nieve cada invierno. ¿Cuánta nieve más de lo normal cayó durante el invierno 1999–2000?

   15.5 pulgadas

3. En una encuesta, $\frac{76}{100}$ personas indicaron que revisan su correo electrónico todos los días, mientras que $\frac{23}{100}$ revisan su correo electrónico una vez por semana y $\frac{1}{100}$ revisan su correo electrónico menos de una vez por semana. ¿Qué fracción de personas revisan su correo electrónico al menos una vez por semana?

   $\frac{99}{100}$

4. Para hacer una pequeña cantidad de masa para modelar, puedes mezclar los siguientes ingredientes: 1 taza de harina, $\frac{1}{2}$ taza de sal y $\frac{1}{2}$ taza de agua. ¿Cuál es la cantidad total de ingredientes que se mezclan para hacer la masa?

   2 tazas

Elige la letra de la mejor respuesta.

Precios de entradas de béisbol

Lugar	Precio promedio
Minnesota	$14.42
Promedio de la liga	$19.82
Boston	$40.77

5. ¿Cuánto más cuesta una entrada en Boston que en Minnesota?
   A $20.95
   (B) $55.19
   C $5.40
   D $26.35

6. ¿Cuánto más cara cuesta una entrada en Boston que una entrada al precio promedio de las entradas de la liga?
   F $60.59
   (G) $20.95
   H $5.40
   J $26.35

7. ¿Cuál es el costo total de una entrada en Boston y una entrada en Minnesota?
   (A) $55.19
   B $34.24
   C $60.59
   D $54.19

LESSON 2-4
Problem Solving
Multiplying Rational Numbers

Use the table at the right.

Average World Births and Deaths per Second in 2001

Births	$4\frac{1}{5}$
Deaths	1.7

1. What was the average number of births per minute in 2001?
   252 births

2. What was the average number of deaths per hour in 2001?
   6,120 deaths

3. What was the average number of births per day in 2001?
   362,880 births

4. What was the average number of births in $\frac{1}{2}$ of a second in 2001?
   $2\frac{1}{10}$ births

5. What was the average number of births in $\frac{1}{4}$ of a second in 2001?
   $1\frac{1}{20}$ births

Use the table below. During exercise, the target heart rate is 0.5-0.75 of the maximum heart rate. Choose the letter for the best answer.

Age	Maximum Heart Rate
13	207
14	206
15	205
20	200
25	195

Source: American Heart Association

6. What is the target heart rate range for a 14 year old?
   A 7–10.5
   (B) 103–154.5
   C 145–166
   D 206–255

7. What is the target heart rate range for a 20 year old?
   (F) 100–150
   G 125–175
   H 150–200
   J 200–250

8. What is the target heart rate range for a 25 year old?
   A 25–75
   B 85–125
   (C) 97.5–146.25
   D 195–250

LECCIÓN 2-4
Resolución de problemas
Cómo multiplicar números racionales

Usa la tabla de la derecha.

Nacimientos y muertes promedio por segundo en todo el mundo en 2001

Nacimientos	$4\frac{1}{5}$
Muertes	1.7

1. ¿Cuál fue la cantidad promedio de nacimientos por minuto en 2001?
   252 nacimientos

2. ¿Cuál fue la cantidad promedio de muertes por hora en 2001?
   6,120 muertes

3. ¿Cuál fue la cantidad promedio de nacimientos por día en 2001?
   362,880 nacimientos

4. ¿Cuál fue la cantidad promedio de nacimientos cada $\frac{1}{2}$ segundo en 2001?
   $2\frac{1}{10}$ nacimientos

5. ¿Cuál fue la cantidad promedio de nacimientos cada $\frac{1}{4}$ de segundo en 2001?
   $1\frac{1}{20}$ nacimientos

Usa la siguiente tabla. Mientras se hace ejercicio, el ritmo cardíaco ideal está entre 0.5 y 0.75 del ritmo cardíaco máximo. Elige la letra de la mejor respuesta.

Edad	Ritmo cardíaco máximo
13	207
14	206
15	205
20	200
25	195

Fuente: Asociación Americana del Corazón

6. ¿Cuál es el rango de ritmo cardíaco ideal para un chico de 14 años?
   A entre 7 y 10.5
   (B) entre 103 y 154.5
   C entre 145 y 166
   D entre 206 y 255

7. ¿Cuál es el rango de ritmo cardíaco ideal para una persona de 20 años?
   (F) entre 100 y 150
   G entre 125 y 175
   H entre 150 y 200
   J entre 200 y 250

8. ¿Cuál es el rango de ritmo cardíaco ideal para una persona de 25 años?
   A entre 25 y 75
   B entre 85 y 125
   (C) entre 97.5 y 146.25
   D entre 195 y 250

LESSON 2-5
Problem Solving
Dividing Rational Numbers

Use the table at the right that shows the maximum speed over a quarter mile of different animals. Find the time is takes each animal to travel one-quarter mile at top speed. Round to the nearest thousandth.

Maximum Speeds of Animals

Animal	Speed (mph)
Quarter Horse	47.50
Greyhound	39.35
Human	27.89
Giant Tortoise	0.17
Three-toed sloth	0.15

1. Quarter horse
   0.005 hours

2. Greyhound
   0.006 hours

3. Human
   0.009 hours

4. Giant tortoise
   1.471 hours

5. Three-toed sloth
   1.667 hours

Choose the letter for the best answer.

6. A piece of ribbon is $1\frac{7}{8}$ inches long. If the ribbon is going to be divided into 15 pieces, how long should each piece be?
   (A) $\frac{1}{8}$ in.
   B $\frac{1}{15}$ in.
   C $\frac{2}{3}$ in.
   D $28\frac{1}{8}$ in.

7. The recorded rainfall for each day of a week was 0 in., $\frac{1}{4}$ in., $\frac{3}{4}$ in., 1 in., 0 in., $1\frac{1}{4}$ in., $1\frac{1}{4}$ in. What was the average rainfall per day?
   F $\frac{9}{10}$ in.
   (G) $\frac{9}{14}$ in.
   H $\frac{7}{8}$ in.
   J $4\frac{1}{2}$ in.

8. A drill bit that is $\frac{7}{32}$ in. means that the hole the bit makes has a diameter of $\frac{7}{32}$ in. Since the radius is half of the diameter, what is the radius of a hole drilled by a $\frac{7}{32}$ in. bit?
   A $\frac{14}{32}$ in.
   B $\frac{7}{32}$ in.
   C $\frac{9}{16}$ in.
   (D) $\frac{7}{64}$ in.

9. A serving of a certain kind of cereal is $\frac{2}{3}$ cup. There are 12 cups of cereal in the box. How many servings of cereal are in the box?
   (F) 18
   G 15
   H 8
   J 6

LECCIÓN 2-5
Resolución de problemas
Cómo dividir números racionales

Usa la tabla de la derecha, en la que se muestran las velocidades máximas que alcanzaron distintos animales en un cuarto de milla. Halla el tiempo que tarda cada animal en recorrer un cuarto de milla a máxima velocidad. Redondea a la milésima más cercana.

Velocidades máximas de los animales

Animal	Velocidad (mph)
Caballo Cuarto de Milla	47.50
Galgo	39.35
Ser humano	27.89
Tortuga gigante	0.17
Perezoso de tres dedos	0.15

1. Caballo Cuarto de Milla
   0.005 horas

2. Galgo
   0.006 horas

3. Ser humano
   0.009 horas

4. Tortuga gigante
   1.471 horas

5. Perezoso de tres dedos
   1.667 horas

Elige la letra de la mejor respuesta.

6. Un trozo de cinta mide $1\frac{7}{8}$ pulgadas de largo. Si se va a dividir a la cinta en 15 partes, ¿cuál debería ser el largo de cada trozo?
   (A) $\frac{1}{8}$ pulg
   B $\frac{1}{15}$ pulg
   C $\frac{2}{3}$ pulg
   D $28\frac{1}{8}$ pulg

7. Las precipitaciones que se registraron durante cada día de una semana fueron: 0 pulg, $\frac{1}{4}$ pulg, $\frac{3}{4}$ pulg, 1 pulg, 0 pulg, $1\frac{1}{4}$ pulg, $1\frac{1}{4}$ pulg ¿Cuál fue el promedio de precipitaciones por día?
   F $\frac{9}{10}$ pulg
   (G) $\frac{9}{14}$ pulg
   H $\frac{7}{8}$ pulg
   J $4\frac{1}{2}$ pulg

8. Si una broca mide $\frac{7}{32}$ pulg, significa que el agujero que hace la bronca tiene un diámetro de $\frac{7}{32}$ pulg. Como el radio es la mitad del diámetro, ¿cuál es el radio de un agujero que se hace con una broca de $\frac{7}{32}$ pulg?
   A $\frac{14}{32}$ pulg
   B $\frac{7}{32}$ pulg
   C $\frac{9}{16}$ pulg
   (D) $\frac{7}{64}$ pulg

9. Una porción de cierto cereal es $\frac{2}{3}$ taza. Hay 12 tazas de cereal en la caja. ¿Cuántas porciones de cereal hay en la caja?
   (F) 18
   G 15
   H 8
   J 6

LESSON 2-6

Problem Solving

Adding and Subtracting with Unlike Denominators

Write the correct answer.

1. Nick Hysong of the United States won the Olympic gold medal in the pole vault in 2000 with a jump of 19 ft $4\frac{1}{4}$ inches, or $232\frac{1}{4}$ inches. In 1900, Irving Baxter of the United States won the pole vault with a jump of 10 ft $9\frac{7}{8}$ inches, or $129\frac{7}{8}$ inches. How much higher did Hysong vault than Baxter?

   $102\frac{3}{8}$ **inches**

2. In the 2000 Summer Olympics, Ivan Pedroso of Cuba won the Long jump with a jump of 28 ft $\frac{3}{4}$ inches, or $336\frac{3}{4}$ inches. Alvin Kraenzlein of the Unites States won the long jump in 1900 with a jump of 23 ft $6\frac{7}{8}$ inches, or $282\frac{7}{8}$ inches. How much farther did Pedroso jump than Kraenzlein?

   $53\frac{7}{8}$ **inches**

3. A recipe calls for $\frac{1}{8}$ cup of sugar and $\frac{3}{4}$ cup of brown sugar. How much total sugar is added to the recipe?

   $\frac{7}{8}$ **cup**

4. The average snowfall in Norfolk, VA for January is $2\frac{3}{5}$ inches, February $2\frac{9}{10}$ inches, March 1 inch, and December $\frac{9}{10}$ inches. If these are the only months it typically snows, what is the average snowfall per year?

   $7\frac{2}{5}$ **inches**

Use the table at the right that shows the average snowfall per month in Vail, Colorado.

Average Snowfall in Vail, CO

Month	Snowfall (in.)	Month	Snowfall (in.)
Jan	$36\frac{7}{10}$	July	0
Feb	$35\frac{7}{10}$	August	0
March	$25\frac{2}{5}$	Sept	1
April	$21\frac{1}{5}$	Oct	$7\frac{4}{5}$
May	4	Nov	$29\frac{7}{10}$
June	$\frac{3}{10}$	Dec	26

5. What is the average annual snowfall in Vail, Colorado?
   - A $15\frac{13}{20}$ in.
   - B 153 in.
   - C $187\frac{1}{10}$ in.
   - (D) $187\frac{4}{5}$ in.

6. The peak of the skiing season is from December through March. What is the average snowfall for this period?
   - F $30\frac{19}{20}$ in.
   - G $123\frac{3}{5}$ in.
   - (H) $123\frac{4}{5}$ in.
   - J 127 in.

LECCIÓN 2-6

Resolución de problemas

Cómo sumar y restar con denominadores distintos

Escribe la respuesta correcta.

1. Nick Hysong, de Estados Unidos, ganó la medalla de oro olímpica en salto con garrocha en el año 2000 con un salto de 19 pies $4\frac{1}{4}$ pulgadas, ó $232\frac{1}{4}$ pulgadas. En 1900, Irving Baxter, de Estados Unidos, ganó la prueba de salto con garrocha con un salto de 10 pies $9\frac{7}{8}$ pulgadas, ó $129\frac{7}{8}$ pulgadas. ¿Cuánto más alto que el de Baxter fue el salto de Hysong?

   $102\frac{3}{8}$ **pulgadas**

2. En los Juegos Olímpicos de Verano del año 2000, Iván Pedroso, de Cuba, ganó el salto de longitud con un salto de 28 pies $\frac{3}{4}$ pulgadas, ó $336\frac{3}{4}$ pulgadas. Alvin Kraenzlein, de Estados Unidos, ganó el salto de longitud en el año 1900 con un salto de 23 pies $6\frac{7}{8}$ pulgadas, ó $282\frac{7}{8}$ pulgadas. ¿Cuánto más largo que el de Kraenzlein fue el salto de Pedroso?

   $53\frac{7}{8}$ **pulgadas**

3. Para una receta se necesita $\frac{1}{8}$ taza de azúcar común y $\frac{3}{4}$ taza de azúcar negra. ¿Cuánto azúcar se necesita en total para la receta?

   $\frac{7}{8}$ **taza**

4. El promedio de nieve en Norfolk, VA, en enero es $2\frac{3}{5}$ pulgadas; en febrero, $2\frac{9}{10}$ pulgadas; en marzo, 1 pulgada y en diciembre, $\frac{9}{10}$ pulgadas. Si estos son los únicos meses en que habitualmente nieva, ¿cuál es el promedio anual de nieve?

   $7\frac{2}{5}$ **pulgadas**

Usa la tabla de la derecha, en la que se muestran los promedios mensuales de nieve en Vail, Colorado.

Promedio de nieve en Vail, CO

Mes	Nieve (pulg)	Mes	Nevada (pulg)
Ene	$36\frac{7}{10}$	Julio	0
Feb	$35\frac{7}{10}$	Agosto	0
Marzo	$25\frac{2}{5}$	Sept	1
Abril	$21\frac{1}{5}$	Oct	$7\frac{4}{5}$
Mayo	4	Nov	$29\frac{7}{10}$
Junio	$\frac{3}{10}$	Dic	26

5. ¿Cuál es el promedio anual de nieve en Vail, Colorado?
   - A $15\frac{13}{20}$ pulg
   - B 153 pulg
   - C $187\frac{1}{10}$ pulg
   - (D) $187\frac{4}{5}$ pulg

6. La temporada alta de esquí es de diciembre a marzo. ¿Cuál es el promedio de nieve en este periodo?
   - F $30\frac{19}{20}$ pulg
   - G $123\frac{3}{5}$ pulg
   - (H) $123\frac{4}{5}$ pulg
   - J 127 pulg

LESSON 2-7

Problem Solving

Solving Equations with Rational Numbers

Write the correct answer.

1. In the last 150 years, the average height of people in industrialized nations has increased by $\frac{1}{3}$ foot. Today, American men have an average height of $5\frac{7}{12}$ feet. What was the average height of American men 150 years ago?

   $5\frac{1}{4}$ **feet**

2. Jaime has a length of ribbon that is $23\frac{1}{2}$ in. long. If she plans to cut the ribbon into pieces that are $\frac{3}{4}$ in. long, into how many pieces can she cut the ribbon? (She cannot use partial pieces.)

   31 pieces

3. Todd's restaurant bill for dinner was $15.55. After he left a tip, he spent a total of $18.00 on dinner. How much money did Todd leave for a tip?

   $2.45

4. The difference between the boiling point and melting point of Hydrogen is 6.47°C. The melting point of Hydrogen is −259.34°C. What is the boiling point of Hydrogen?

   −252.87°C

Choose the letter for the best answer.

5. Justin Gatlin won the Olympic gold in the 100-m dash in 2004 with a time of 9.85 seconds. His time was 0.95 seconds faster than Francis Jarvis who won the 100-m dash in 1900. What was Jarvis' time in 1900?
   - A 8.95 seconds
   - B 10.65 seconds
   - (C) 10.80 seconds
   - D 11.20 seconds

6. The balance in Susan's checking account was $245.35. After the bank deposited interest into the account, her balance went to $248.02. How much interest did the bank pay Susan?
   - F $1.01
   - (G) $2.67
   - H $3.95
   - J $493.37

7. After a morning shower, there was $\frac{17}{100}$ in. of rain in the rain gauge. It rained again an hour later and the rain gauge showed $\frac{1}{4}$ in. of rain. How much did it rain the second time?
   - (A) $\frac{2}{25}$ in.
   - B $\frac{1}{6}$ in.
   - C $\frac{21}{50}$ in.
   - D $\frac{3}{8}$ in.

8. Two-third of John's savings account is being saved for his college education. If $2500 of his savings is for his college education, how much money in total is in his savings account?
   - F $1666.67
   - (G) $3750
   - H $4250.83
   - J $5000

LECCIÓN 2-7

Resolución de problemas

Cómo resolver ecuaciones con números racionales

Escribe la respuesta correcta.

1. En los últimos 150 años, la estatura promedio de la gente de los países industrializados ha aumentado $\frac{1}{3}$ pie. Hoy, los hombres estadounidenses tienen una estatura promedio de $5\frac{7}{12}$ pies. ¿Cuál era la estatura promedio de los hombres estadounidenses hace 150 años?

   $5\frac{1}{4}$ **pies**

2. Jaime tiene una cinta de $23\frac{1}{2}$ pulg de largo. Si piensa cortar la cinta en trozos de $\frac{3}{4}$ pulg de largo, ¿en cuántos trozos puede cortar la cinta? (No puede usar trozos parciales.)

   31 trozos

3. La cuenta de Todd en el restaurante fue $15.55. Con la propina, gastó un total de $18.00. ¿Cuánta propina dejó?

   $2.45

4. La diferencia entre el punto de ebullición y el punto de fusión del hidrógeno es 6.47° C. El punto de fusión del hidrógeno es −259.34° C. ¿Cuál es el punto de ebullición del hidrógeno?

   −252.87° C

Elige la letra de la mejor respuesta.

5. Justin Gatlin ganó el oro olímpico en los 100 metros planos en 2004 con 9.85 segundos. Su tiempo fue 0.95 segundos mejor que el de Francis Jarvis, que ganó los 100 metros planos en 1900. ¿Cuál fue el tiempo de Jarvis?
   - A 8.95 segundos
   - B 10.65 segundos
   - (C) 10.80 segundos
   - D 11.20 segundos

6. El saldo de la cuenta corriente de Susan era de $245.35. Después de que el banco depositara intereses en su cuenta, el saldo de Susan pasó a ser $248.02. ¿Cuántos intereses le pagó el banco a Susan?
   - F $1.01
   - (G) $2.67
   - H $3.95
   - J $493.37

7. Después de la tormenta, había $\frac{17}{100}$ pulg de lluvia en el pluviómetro. A la hora, llovió otra vez y el pluviómetro marcó $\frac{1}{4}$ pulg de lluvia. ¿Cuánto llovió la segunda vez?
   - (A) $\frac{2}{25}$ pulg
   - B $\frac{1}{6}$ pulg
   - C $\frac{21}{50}$ pulg
   - D $\frac{3}{8}$ pulg

8. Dos tercios de los ahorros de John, están destinados su educación universitaria. Si $2500 están destinados a su educación universitaria, ¿cuánto dinero hay en total en su cuenta de ahorros?
   - F $1666.67
   - (G) $3750
   - H $4250.83
   - J $5000

LESSON 2-8
Problem Solving
Solving Two-Step Equations

The chart below describes three different long distance calling plans. Jamie has budgeted $20 per month for long distance calls. Write the correct answer.

Plan	Monthly Access Fee	Charge per minute
A	$3.95	$0.08
B	$8.95	$0.06
C	$0	$0.10

1. How many minutes will Jamie be able to use per month with plan A? Round to the nearest minute.

   201 min

2. How many minutes will Jamie be able to use per month with plan B? Round to the nearest minute.

   184 min

3. How many minutes will Jamie be able to use per month with plan C? Round to the nearest minute.

   200 min

4. Which plan is the best deal for Jamie's budget?

   Plan A

5. Nolan has budgeted $50 per month for long distance. Which plan is the best deal for Nolan's budget?

   Plan B

The table describes four different car loans that Susana can get to finance her new car. The total column gives the amount she will end up paying for the car including the down payment and the payments with interest. Choose the letter for the best answer.

Loan	Down Payment	Number of Months	Total
A	$2000	60	$19,821.20
B	$1000	48	$19,390.72
C	$0	60	$20,197.20

6. How much will Susana pay each month with loan A?
   A $252.04 (B) $297.02 C $330.35 D $353.68

7. How much will Susana pay each month with loan B?
   F $300.85 G $306.50 H $323.17 (J) $383.14

8. How much will Susana pay each month with loan C?
   (A) $336.62 B $352.28 C $369.95 D $420.78

9. Which loan will give Susana the smallest monthly payment?
   (F) Loan A G Loan B H Loan C J They are equal

LECCIÓN 2-8
Resolución de problemas
Cómo resolver ecuaciones de dos pasos

En la siguiente tabla se describen tres planes distintos de llamadas de larga distancia. Jamie tiene un presupuesto de $20 por mes para llamadas de larga distancia. Escribe la respuesta correcta.

Plan	Tarifa de acceso mensual	Precio por minuto
A	$3.95	$0.08
B	$8.95	$0.06
C	$0	$0.10

1. ¿Cuántos minutos por mes podrá usar Jamie con el plan A? Redondea al minuto más cercano.

   201 min

2. ¿Cuántos minutos por mes podrá usar Jamie con el plan B? Redondea el minuto más cercano.

   184 min

3. ¿Cuántos minutos por mes podrá usar Jamie con el plan C? Redondea al minuto más cercano.

   200 min

4. ¿Cuál es el mejor plan para el presupuesto de Jamie?

   el plan A

5. Nolan tiene un presupuesto de $50 por mes para llamadas de larga distancia. ¿Cuál es el mejor plan para el presupuesto de Nolan?

   el plan B

En la tabla se describen cuatro préstamos automotores distintos que Susana puede obtener para financiar su automóvil nuevo. En la columna Total se muestra la cantidad que va a terminar pagando por el automóvil incluyendo el pago inicial y los pagos con intereses. Elige la letra de la mejor respuesta.

Préstamo	Pago inicial	Cantidad de meses	Total
A	$2000	60	$19,821.20
B	$1000	48	$19,390.72
C	$0	60	$20,197.20

6. ¿Cuánto va a pagar por mes Susana con el préstamo A?
   A $252.04 (B) $297.02 C $330.35 D $353.68

7. ¿Cuánto va a pagar por mes Susana con el préstamo B?
   F $300.85 G $306.50 H $323.17 (J) $383.14

8. ¿Cuánto va a pagar por mes Susana con el préstamo C?
   (A) $336.62 B $352.28 C $369.95 D $420.78

9. ¿Con qué préstamo hará Susana el menor pago mensual?
   (F) préstamo A G préstamo B H préstamo C J son iguales

LESSON 3-1
Problem Solving
Ordered Pairs

Use the table at the right for Exercises 1–2.

Average Miles per Gallon

Year	Miles per Gallon
1970	13.5
1980	15.9
1990	20.2
1995	21.1
1996	21.2
1997	21.5

1. Write the ordered pair that shows the average miles per gallon in 1990.

   (1990, 20.2)

2. The data can be approximated by the equation $m = 0.30887x - 595$ where m is the average miles per gallon and x is the year. Use the equation to find an ordered pair (x, m) that shows the estimated miles per gallon in the year 2020.

   (2020, 28.9)

For Exercises 3–4 use the equation $F = 1.8C + 32$, which relates Fahrenheit temperatures F to Celsius temperatures C.

3. Write ordered pair (C, F) that shows the Celsius equivalent of 86°F.

   (30, 86)

4. Write ordered pair (C, F) that shows the Fahrenheit equivalent of 22°C.

   (22, 71.6)

Choose the letter for the best answer.

5. A taxi charges a $2.50 flat fee plus $0.30 per mile. Use an equation for taxi fare t in terms of miles m. Which ordered pair (m, t) shows the taxi fare for a 23-mile cab ride?
   A (23, 6.90) B (23, 18.50) (C) (23, 9.40) D (23, 64.40)

6. The perimeter p of a square is four times the length of a side s, or $p = 4s$. Which ordered pair (s, p) shows the perimeter for a square that has sides that are 5 in.?
   F (5, 1.25) (G) (5, 20) H (5, 9) J (5, 25)

7. Maria pays a monthly fee of $3.95 plus $0.10 per minute for long distance calls. Use an equation for the phone bill p in terms of the number of minutes m. Which ordered pair (m, p) shows the phone bill for 120 minutes?
   (A) (120, 15.95) B (120, 474.10) C (120, 28.30) D (120, 486.00)

8. Tickets to a baseball game cost $12 each, plus $2 each for transportation. Use an equation for the cost c of going to the game in terms of the number of people p. Which ordered pair (p, c) shows the cost for 6 people?
   F (6, 74) G (6, 96) (H) (6, 84) J (6, 102)

LECCIÓN 3-1
Resolución de problemas
Pares ordenados

Usa la tabla de la derecha para los Ejercicios 1 y 2.

Millas promedio por galón

Año	Millas por galón
1970	13.5
1980	15.9
1990	20.2
1995	21.1
1996	21.2
1997	21.5

1. Escribe el par ordenado que muestra las millas promedio por galón en 1990.

   (1990, 20.2)

2. Los datos se pueden aproximar mediante la ecuación $m = 0.30887x - 595$ donde m son las millas promedio por galón y x es el año. Usa la ecuación para hallar un par ordenado (x, m) que muestre las millas estimadas por galón en 2020.

   (2020, 28.9)

Para los Ejercicios 3 y 4, usa la ecuación $F = 1.8C + 32$, que relaciona las temperaturas en grados Fahrenheit F con las temperaturas en grados Celsius C.

3. Escribe el par ordenado (C, F) que muestra el equivalente de 86° F en grados Celsius.

   (30, 86)

4. Escribe el par ordenado (C, F) que muestra el equivalente de 22° C en grados Fahrenheit.

   (22, 71.6)

Elige la letra de la mejor respuesta.

5. Un taxi cobra $2.50 más $0.30 por milla. Usa una ecuación para hallar la tarifa del taxi t en función de las millas m. ¿Qué par ordenado (m, t) muestra la tarifa para 23 millas?
   A (23, 6.90) B (23, 18.50) (C) (23, 9.40) D (23, 64.40)

6. El perímetro p de un cuadrado mide cuatro veces la longitud de un lado $l = 4p$. ¿Qué par ordenado (l, p) muestra el perímetro de un cuadrado que tiene lados de 5 pulg?
   F (5, 1.25) (G) (5, 20) H (5, 9) J (5, 25)

7. María paga un abono mensual de $3.95 más $0.10 el minuto de llamadas de larga distancia. Usa una ecuación para calcular la cuenta de teléfono t en función de la cantidad de minutos m. ¿Qué par ordenado (m, t) muestra la cuenta de teléfono por 120 minutos?
   (A) (120, 15.95) B (120, 474.10) C (120, 28.30) D (120, 486.00)

8. Las entradas para un partido de béisbol cuestan $12 cada una, más $2 de transporte. Usa una ecuación para calcular el costo c de ir al partido en función de la cantidad de personas p. ¿Qué par ordenado (p, c) muestra el costo para seis personas?
   F (6, 74) G (6, 96) (H) (6, 84) J (6, 102)

LESSON 3-2

Problem Solving

Graphing on a Coordinate Plane

Complete the table of ordered pairs. Graph each ordered pair. Draw a line through the points. Answer the question.

1. John earns $150 per week plus 5% of his computer software sales. John's weekly pay y in terms of his sales x is $y = 150 + 0.05x$. Complete the table. How much does John get paid for $200 in sales?

$160

x	y	(x, y)
0	150	0, 150
10	150.5	10, 150.5
25	151.25	25, 151.25
50	152.5	50, 152.5
100	155	100, 155

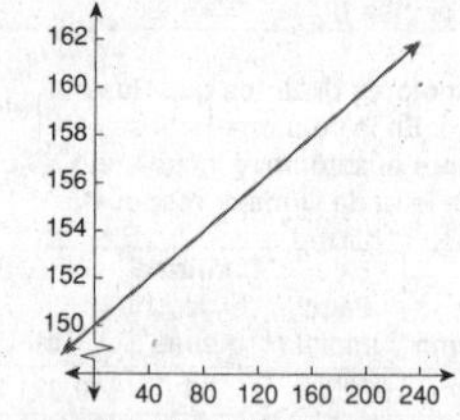

2. Margarite starts out with $100. Each week, she spends $6 to go to the movies. The amount of money y Margarite has left each week x, is $y = 100 - 6x$. How much money does she have left after 11 weeks?

$34

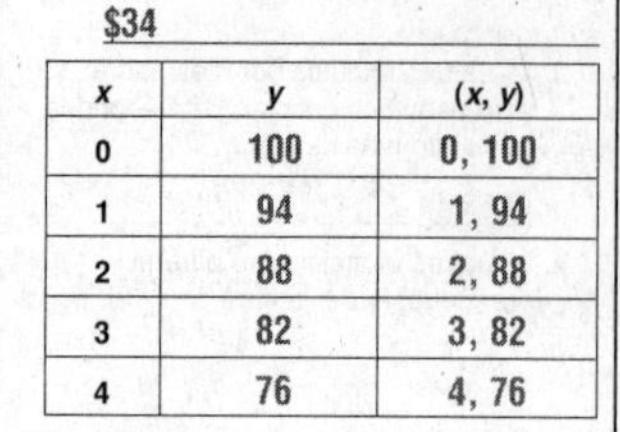

x	y	(x, y)
0	100	0, 100
1	94	1, 94
2	88	2, 88
3	82	3, 82
4	76	4, 76

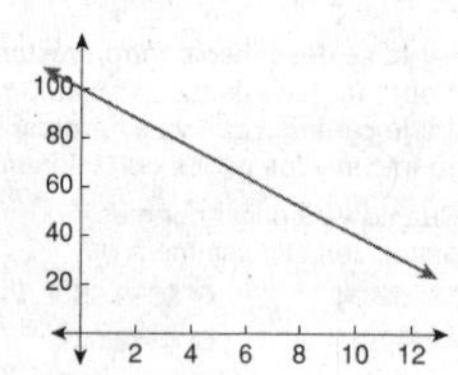

The graph at the right represents the miles traveled y in x hours. Use the graph to choose the best letter.

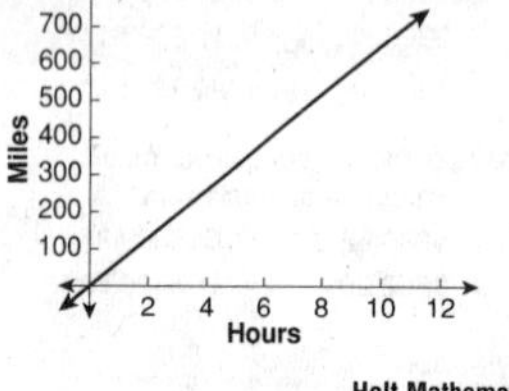

3. Which of the ordered pairs below represents a solution?
   - Ⓐ (1, 65)
   - C (5, 120)
   - B (2, 70)
   - D (7, 300)

4. The graph represents a car traveling how fast?
   - F 60 mi/h
   - H 70 mi/h
   - Ⓖ 65 mi/h
   - J 75 mi/h

LECCIÓN 3-2

Resolución de problemas

Gráficas en un plano cartesiano

Completa la tabla de pares ordenados. Representa gráficamente cada par ordenado. Traza una línea a través de los puntos. Responde a la pregunta.

1. John gana $150 por semana más el 5% de sus ventas. Su sueldo semanal y en función de sus ventas x es $y = 150 + 0.05x$. Completa la tabla. ¿Cuánto gana John por $200 de ventas?

$160

x	y	(x, y)
0	150	0, 150
10	150.5	10, 150.5
25	151.25	25, 151.25
50	152.5	50, 152.5
100	155	100, 155

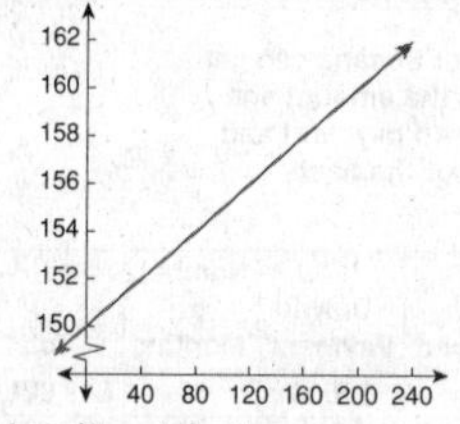

2. En un principio, Margarita tiene $100. Cada semana gasta $6 para ir al cine. La cantidad de dinero y que le queda cada semana x es $y = 100 - 6x$. ¿Cuánto dinero le queda después de 11 semanas?

$34

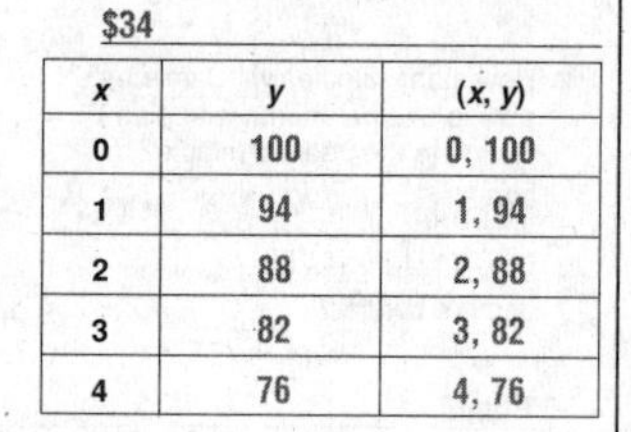

x	y	(x, y)
0	100	0, 100
1	94	1, 94
2	88	2, 88
3	82	3, 82
4	76	4, 76

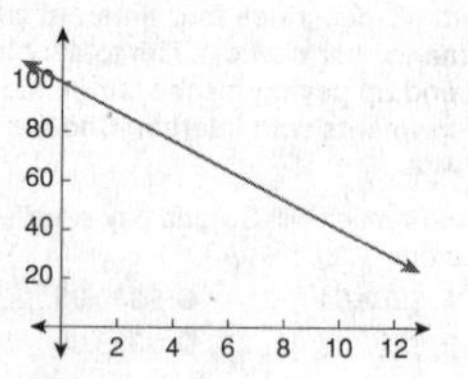

En la gráfica de la derecha se representan las millas recorridas y en x horas. Usa la gráfica para elegir la letra de la mejor respuesta.

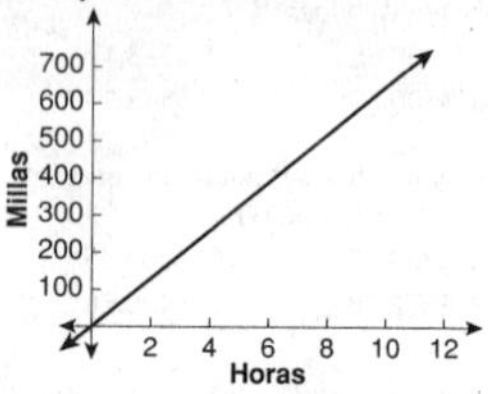

3. ¿Cuál de los siguientes pares ordenados representa una solución?
   - Ⓐ (1, 65)
   - C (5, 120)
   - B (2, 70)
   - D (7, 300)

4. ¿A qué velocidad viaja el automóvil que se representa en la gráfica?
   - F 60 mi/h
   - H 70 mi/h
   - Ⓖ 65 mi/h
   - J 75 mi/h

LESSON 3-3

Problem Solving

Interpreting Graphs and Table

Tell which table corresponds to each situation.

1. Ryan walks for several blocks, and then he begins to run. After running for 10 minutes, he walks for several blocks and then stops.

Table 2

2. Susanna starts running. After 10 minutes, she sees a friend and stops to talk. When she leaves her friend, she runs home and stops.

Table 3

3. Mark stands on the porch and talks to a friend. Then he starts walking home. Part way home he decides to run the rest of the way, and he doesn't stop until he gets home.

Table 1

Table 1

Time	Speed (mi/h)
8:00	0
8:10	3
8:20	7.5
8:30	0

Table 2

Time	Speed (mi/h)
8:00	3
8:10	7.5
8:20	3
8:30	0

Table 3

Time	Speed (mi/h)
8:00	7.5
8:10	0
8:20	7.5
8:30	0

The graph represents the height of water in a bathtub over time. Choose the correct letter.

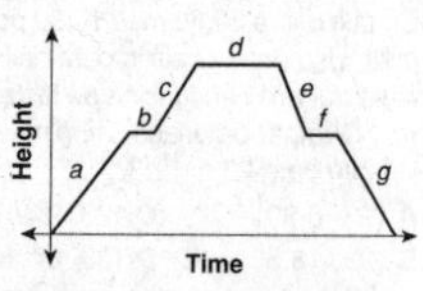

4. Which part of the graph best represents the tub being filled with water?
   - Ⓐ a
   - C c
   - B d
   - D g

5. Which part of the graph shows the tub being drained of water?
   - A c
   - C d
   - B e
   - Ⓓ g

6. Which part of the graph shows someone soaking in the tub?
   - F b
   - Ⓗ d
   - G e
   - J f

7. Which part of the graph shows when someone gets into the tub?
   - A a
   - Ⓒ c
   - B e
   - D f

8. Which parts of the graph show when the water level is not changing in the tub?
   - F a, b, c
   - H b, d, g
   - Ⓖ b, d, f
   - J c, e, f

LECCIÓN 3-3

Resolución de problemas

Cómo interpretar gráficas y tablas

Indica qué tabla corresponde a cada situación.

1. Ryan camina varias cuadras y luego comienza a correr. Después de correr durante 10 minutos, camina varias cuadras y luego se detiene.

la tabla 2

2. Susana empieza a correr. Después de 10 minutos, ve a una amiga y se detiene a conversar. Cuando se despide de su amiga corre hacia su casa y se detiene.

la tabla 3

3. Mark se para en el porche y conversa con un amigo. Luego empieza a caminar hacia su casa. A medio camino decide correr durante el resto del trayecto y no se detiene hasta llegar a su casa.

la tabla 1

Tabla 1

Hora	Velocidad (mi/h)
8:00	0
8:10	3
8:20	7.5
8:30	0

Tabla 2

Hora	Velocidad (mi/h)
8:00	3
8:10	7.5
8:20	3
8:30	0

Tabla 3

Hora	Velocidad (mi/h)
8:00	7.5
8:10	0
8:20	7.5
8:30	0

La gráfica representa la altura del agua de una bañera a lo largo del tiempo. Elige la letra correcta.

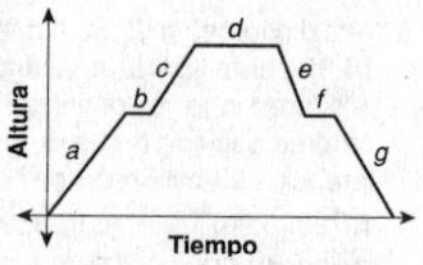

4. ¿En qué parte de la gráfica se muestra mejor cuando la bañera se está llenando con agua?
   - Ⓐ a
   - C c
   - B d
   - D g

5. ¿En qué parte de la gráfica se muestra cuando la bañera se está vaciando?
   - A c
   - C d
   - B e
   - Ⓓ g

6. ¿En qué parte de la gráfica se muestra cuando hay alguien inmerso en la bañera?
   - F b
   - Ⓗ d
   - G e
   - J f

7. ¿En qué parte de la gráfica se muestra cuando alguien entra en la bañera?
   - A a
   - Ⓒ c
   - B e
   - D f

8. ¿En qué partes de la gráfica se muestra cuando el nivel del agua de la bañera no se modifica?
   - F a, b, c
   - H b, d, g
   - Ⓖ b, d, f
   - J c, e, f

LESSON 3-4 Problem Solving
Functions

A cyclist rides at an average speed of 20 miles per hour. The equation $y = 20x$ shows the distance, y, the cyclist travels in x hours.

1. Make a table for the equation and graph the equation at the right.

x	$20x$	y
0	20(0)	0
1	20(1)	20
2	20(2)	40
3	20(3)	60

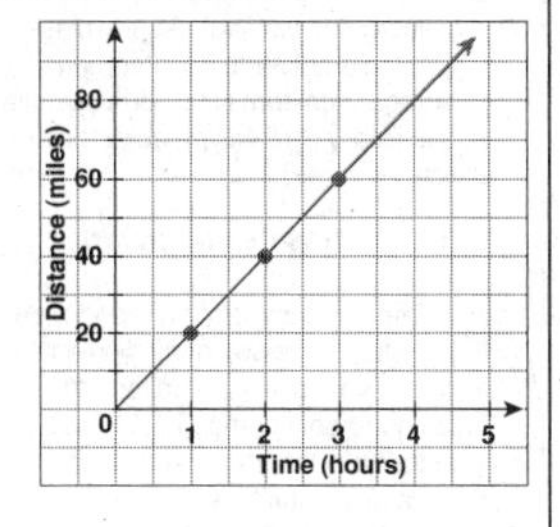

2. Is the relationship between the time and the distance the cyclist rides a function?

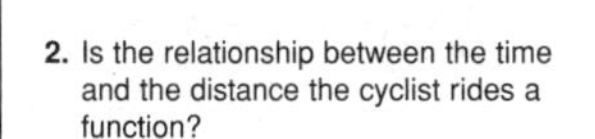

Yes

3. If the cyclist continues to ride at the same rate, about how far will the cyclist ride in 4 hours?

80 miles

4. About how far does the cyclist ride in 1.5 hours?

30 miles

5. If the cyclist has ridden 50 miles, about how long has the cyclist been riding?

2.5 hours

The cost of renting a jet-ski at a lake is represented by the equation $f(x) = 25x + 100$ where x is the number of hours and $f(x)$ is the cost including an hourly rate and a deposit. Choose the letter for the best answer.

6. What is the domain of the function?
   - A $x < 0$
   - (B) $x > 0$
   - C $x > 25$
   - D $x < 100$

7. What is the range of the function?
   - F $f(x) > 0$
   - G $f(x) < 0$
   - H $f(x) < 25$
   - (J) $f(x) > 100$

8. How much does it cost to rent the jet-ski for 5 hours?
   - A \$125
   - (B) \$225
   - C \$385
   - D \$525

9. If the cost to rent the jet-ski is \$300, for how many hours is the jet-ski rented?
   - F 6 hours
   - (G) 8 hours
   - H 12 hours
   - J 16 hours

LECCIÓN 3-4 Resolución de problemas
Funciones

Un ciclista anda a una velocidad promedio de 20 millas por hora. La ecuación $y = 20x$ muestra la distancia y que el ciclista recorre en x horas.

1. Haz una tabla para la ecuación y representa gráficamente la ecuación en la gráfica de la derecha.

x	$20x$	y
0	20(0)	0
1	20(1)	20
2	20(2)	40
3	20(3)	60

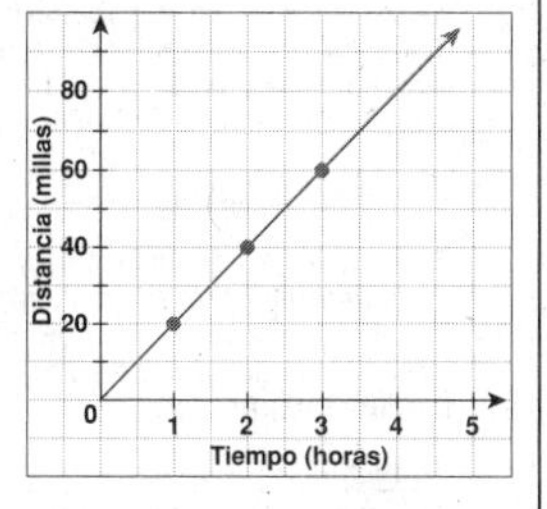

2. La relación entre el tiempo y la distancia que recorre el ciclista, ¿es una función?

Sí

3. Si el ciclista sigue andando a la misma velocidad, ¿aproximadamente qué distancia recorrerá en 4 horas?

80 millas

4. ¿Aproximadamente qué distancia recorre el ciclista en 1.5 horas?

30 millas

5. Si el ciclista ha recorrido 50 millas, ¿aproximadamente cuánto tiempo ha estado andando en bicicleta?

2.5 horas

El costo de alquilar una moto acuática en un lago se representa mediante la ecuación $f(x) = 25x + 100$ donde x es la cantidad de horas y $f(x)$ es el costo incluyendo una tarifa por hora y un depósito. Elige la letra de la mejor respuesta.

6. ¿Cuál es el dominio de la función?
   - A $x < 0$
   - (B) $x > 0$
   - C $x > 25$
   - D $x < 100$

7. ¿Cuál es el rango de la función?
   - F $f(x) > 0$
   - G $f(x) < 0$
   - H $f(x) < 25$
   - (J) $f(x) > 100$

8. ¿Cuánto cuesta alquilar la moto acuática por 5 horas?
   - A \$125
   - (B) \$225
   - C \$385
   - D \$525

9. Si el costo del alquiler de la moto acuática es \$300, ¿por cuántas horas se alquila la moto acuática?
   - F 6 horas
   - (G) 8 horas
   - H 12 horas
   - J 16 horas

LESSON 3-5 Problem Solving
Equations, Tables, and Graphs

Use the graph to answer Exercises 1–4. An aquarium tank is being drained. The graph shows the number of quarts of water, q, in the tank after m minutes. Write the correct answer.

1. How many quarts of water are in the tank before it is drained?

35 quarts

2. How many quarts of water are left in the tank after 2 minutes?

25 quarts

3. How long does it take until there are 10 quarts of water left in the tank?

5 min

4. How long does it take to drain the tank?

7 min

Use the graph to answer Exercises 5–7. The graph shows the distance, d, a hiker can hike in h hours. Choose the letter of the best answer.

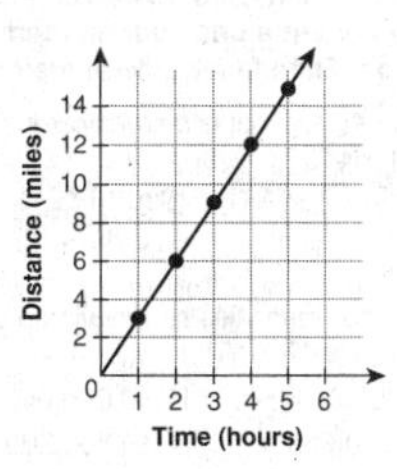

5. How far can the hiker hike in 4 hours?
   - A $1\frac{1}{3}$ mi
   - B 4 mi
   - C 8 mi
   - (D) 12 mi

6. How long does it take the hiker to hike 6 miles?
   - (F) 2 h
   - G 3 h
   - H 4 h
   - J 18 h

7. Which equation represents the graph?
   - (A) $d = 3h$
   - B $d = \frac{1}{3}h$
   - C $d = h + 3$
   - D $d = h - 3$

LECCIÓN 3-5 Resolución de problemas
Ecuaciones, tablas y gráficas

Usa la gráfica para responder a los Ejercicios del 1 al 4. Se está vaciando el tanque de un acuario. En la gráfica se muestra la cantidad de cuartos de agua c que hay en el tanque después de m minutos. Escribe la respuesta correcta.

1. ¿Cuántos cuartos de agua hay en el tanque antes de que se vacíe?

35 cuartos

2. ¿Cuántos cuartos de agua quedan en el tanque después de 2 minutos?

25 cuartos

3. ¿Cuánto tiempo pasa hasta que quedan 10 cuartos de agua en el tanque?

5 min

4. ¿Cuánto tiempo se tarda en vaciar el tanque?

7 min

Usa la gráfica para responder a los Ejercicios del 5 al 7. En la gráfica se muestra la distancia d que un excursionista puede recorrer en h horas. Elige la letra de la mejor respuesta.

5. ¿Qué distancia puede recorrer el excursionista en 4 horas?
   - A $1\frac{1}{3}$ mi
   - B 4 mi
   - C 8 mi
   - (D) 12 mi

6. ¿Cuánto tarda un excursionista en recorrer 6 millas?
   - (F) 2 h
   - G 3 h
   - H 4 h
   - J 18 h

7. ¿Qué ecuación representa la gráfica?
   - (A) $d = 3h$
   - B $d = \frac{1}{3}h$
   - C $d = h + 3$
   - D $d = h - 3$

LESSON 3-6

Problem Solving

Arithmetic Sequences

Write the correct answer.

1. An English teacher gives her class 6 vocabulary words on Monday. Each day for the rest of the week she adds 3 more vocabulary words to the list. How many words are on the list on Friday?

18 vocabulary words

2. A cab ride costs $1.50 plus $2.00 for each mile. What is the total cost of a 5-mile cab ride?

$11.50

3. Rosie ran 8 laps around the track. Each week after that she ran 3 more laps than the week before. How many laps will she run around the track in the sixth week?

23 laps

4. Lee has saved $85. Each week he uses his savings to buy a CD for $9. How much money will he have left after the fourth week?

$49

Use the table to answer Exercises 5–7. The table shows the number of seats in each row of a theater. Choose the letter of the best answer.

Row	Number of Seats
1	35
2	43
3	51
4	59
5	67

5. The number of seats is an arithmetic sequence. What is the common difference?

A 6　C 9

(B) 8　D 35

6. If the sequence continues, how many seats will be in the next row?

F 68　(H) 75

G 73　J 76

7. If the sequence continues, how many seats will be in the tenth row?

A 80　C 134

(B) 107　D 147

8. A class is taking a field trip to the zoo. Admission for the class costs $50 plus $2 for each student to visit the special exhibits. Which function best describes the total cost for n students?

F $y = 50n - 2$

G $y = 50n + 2$

H $y = 50 - 2n$

(J) $y = 50 + 2n$

LECCIÓN 3-6

Resolución de problemas

Sucesiones aritméticas

Escribe la respuesta correcta.

1. El lunes, una maestra de inglés da 6 palabras de vocabulario a la clase. Cada día del resto de la semana, agrega 3 palabras más de vocabulario a la lista. ¿Cuántas palabras hay en la lista el viernes?

18 palabras de vocabulario

2. Un viaje en taxi cuesta $1.50 más $2.00 por milla. ¿Cuál es el costo total de un viaje en taxi de 5 millas?

$11.50

3. Rosie corrió 8 vueltas alrededor de la pista. En las semanas siguientes, comenzó a correr 3 vueltas más de las que había corrido la semana anterior. ¿Cuántas vueltas correrá en la sexta semana?

23 vueltas

4. Lee ha ahorrado $85. Cada semana usa sus ahorros para comprar un CD a $9. ¿Cuánto dinero le quedará después de cuatro semanas?

$49

Usa la tabla para responder a los Ejercicios del 5 al 7. En la tabla se muestra la cantidad de butacas que hay en cada fila de un teatro. Elige la letra de la mejor respuesta.

Fila	Cantidad de butacas
1	35
2	43
3	51
4	59
5	67

5. La cantidad de butacas es una sucesión aritmética. ¿Cuál es la diferencia común?

A 6　C 9

(B) 8　D 35

6. Si la sucesión continúa, ¿cuántos asientos habrá en la siguiente fila?

F 68　(H) 75

G 73　J 76

7. Si la sucesión continúa, ¿cuántos asientos habrá en la décima fila?

A 80　C 134

(B) 107　D 147

8. Una clase va de excursión al zoológico. La entrada para la clase cuesta $50 más $2 por cada estudiante para visitar las exposiciones especiales. ¿Qué función describe mejor el costo total para n estudiantes?

F $y = 50n - 2$

G $y = 50n + 2$

H $y = 50 - 2n$

(J) $y = 50 + 2n$

LESSON 4-1

Problem Solving

Exponents

Write the correct answer.

1. The formula for the volume of a cube is $V = e^3$ where e is the length of a side of the cube. Find the volume of a cube with side length 6 cm.

216 cm^3

2. The distance in feet traveled by a falling object is given by the formula $d = 16t^2$ where t is the time in seconds. Find the distance an object falls in 4 seconds.

256 feet

3. The surface area of a cube can be found using the formula $S = 6e^2$ where e is the length of a side of the cube. Find the surface area of a cube with side length 6 cm.

216 cm^2

4. John's father offers to pay him 1 cent for doing the dishes the first night, 2 cents for doing the dishes the second, 4 cents for the third, and so on, doubling each night. Write an expression using exponents for the amount John will get paid on the tenth night.

2^9 cents

Use the table below for Exercises 5–7, which shows the number of e-mails forwarded at each level if each person continues a chain by forwarding an e-mail to 10 friends. Choose the letter for the best answer.

Forwarded E-mails

Level	E-mails forwarded
1	10
2	100
3	1000
4	10,000

5. How many e-mails were forwarded at level 5 alone?

A 5^{10}　C 2^{10}

B 2^5　(D) 10^5

6. How many e-mails were forwarded at level 6 alone?

F 100,000　H 10,000,000

(G) 1,000,000　J 100,000,000

7. Forwarding chain e-mails can create problems for e-mail servers. Find out how many total e-mails have been forwarded after 6 levels.

(A) 1,111,110　C 1,000,000

B 6,000,000　D 100,000,000

LECCIÓN 4-1

Resolución de problemas

Exponentes

Escribe la respuesta correcta.

1. La fórmula para hallar el volumen de un cubo es $V = e^3$ donde e es la longitud de un lado del cubo. Halla el volumen de un cubo cuyos lados miden 6 cm.

216 cm^3

2. La distancia en pies recorrida por un objeto en caída está dada por la fórmula $d = 16t^2$ donde t es el tiempo en segundos. Halla la distancia que recorre un objeto al caer durante 4 segundos.

256 pies

3. El área total de un cubo se puede hallar usando la fórmula $A = 6e^2$ donde e es la longitud de un lado del cubo. Halla el área total de un cubo cuyos lados miden 6 cm.

216 cm^2

4. El padre de John ofrece pagarle 1 centavo por lavar los platos la primera noche, 2 centavos por lavar los platos la segunda, 4 centavos por la tercera y así sucesivamente, duplicando la cantidad cada noche. Escribe una expresión usando exponentes para la cantidad que John recibirá la décima noche.

2^9 centavos

Para los Ejercicios del 5 al 7, usa la siguiente tabla, en la que se muestra la cantidad de mensajes de correo electrónico reenviados en cada nivel si cada persona continúa una cadena reenviando un mensaje de correo electrónico a 10 amigos. Elige la letra de la mejor respuesta.

Reenvío de correo electrónico

Nivel	Mensajes de correo electrónico reenviados
1	10
2	100
3	1000
4	10,000

5. ¿Cuántos mensajes se reenviaron sólo en el nivel 5?

A 5^{10}　C 2^{10}

B 2^5　(D) 10^5

6. ¿Cuántos mensajes se reenviaron sólo en el nivel 6?

F 100,000　H 10,000,000

(G) 1,000,000　J 100,000,000

7. Reenviar mensajes de correo electrónico en cadena puede crearles problemas a los servidores de correo electrónico. Halla la cantidad total de mensajes de correo electrónico que se han reenviado después de 6 niveles.

(A) 1,111,110　C 1,000,000

B 6,000,000　D 100,000,000

LESSON **4-2**

Problem Solving

Look for a Pattern in Integer Exponents

Write the correct answer.

1. The weight of 10^7 dust particles is 1 gram. Evaluate 10^7.

   10,000,000

2. The weight of one dust particle is 10^{-7} gram. Evaluate 10^{-7}.

   0.0000001

3. As of 2001, only 10^6 rural homes in the United States had broadband Internet access. Evaluate 10^6.

   1,000,000

4. Atomic clocks measure time in microseconds. A microsecond is 10^{-6} second. Evaluate 10^{-6}.

   0.000001

Choose the letter for the best answer.

5. The diameter of the nucleus of an atom is about 10^{-15} meter. Evaluate 10^{-15}.

   A 0.0000000000001
   B 0.00000000000001
   C 0.0000000000000001
   (D) 0.000000000000001

6. The diameter of the nucleus of an atom is 0.000001 nanometer. How many nanometers is the diameter of the nucleus of an atom?

   F $(-10)^5$
   G $(-10)^6$
   (H) 10^{-6}
   J 10^{-5}

7. A ruby-throated hummingbird weighs about 3^{-2} ounce. Evaluate 3^{-2}.

   A -9
   B -6
   (C) $\frac{1}{9}$
   D $\frac{1}{6}$

8. A ruby-throated hummingbird breathes 2×5^3 times per minute while at rest. Evaluate this amount.

   F 1,000
   (G) 250
   H 125
   J 30

LECCIÓN **4-2**

Resolución de problemas

Buscar un patrón en exponentes enteros

Escribe la respuesta correcta.

1. El peso de 10^7 partículas de polvo es 1 gramo. Evalúa 10^7.

   10,000,000

2. El peso de una partícula de polvo es 10^{-7} gramo. Evalúa 10^{-7}.

   0.0000001

3. Hasta 2001, sólo 10^6 de los hogares rurales de Estados Unidos tenían acceso a Internet de banda ancha. Evalúa 10^6.

   1,000,000

4. Los relojes atómicos miden el tiempo en microsegundos. Un microsegundo es 10^{-6} segundo. Evalúa 10^{-6}.

   0.000001

Elige la letra de la mejor respuesta.

5. El diámetro del núcleo de un átomo es aproximadamente 10^{-15} metro. Evalúa 10^{-15}.

   A 0.0000000000001
   B 0.00000000000001
   C 0.0000000000000001
   (D) 0.000000000000001

6. El diámetro del núcleo de un átomo mide 0.000001 nanómetro. ¿Cuántos nanómetros mide el diámetro del núcleo de un átomo?

   F $(-10)^5$
   G $(-10)^6$
   (H) 10^{-6}
   J 10^{-5}

7. Un colibrí garganta de rubí pesa aproximadamente 3^{-2} onza. Evalúa 3^{-2}.

   A −9
   B −6
   (C) $\frac{1}{9}$
   D $\frac{1}{6}$

8. Un colibrí garganta de rubí respira 2×5^3 veces por minuto mientras descansa. Evalúa esta cantidad.

   F 1,000
   (G) 250
   H 125
   J 30

LESSON **4-3**

Problem Solving

Properties of Exponents

Write each answer as a power.

1. Cindy separated her fruit flies into equal groups. She estimates that there are 2^{10} fruit flies in each of 2^2 jars. How many fruit flies does Cindy have in all?

   2^{12} fruit flies

2. Suppose a researcher tests a new method of pasteurization on a strain of bacteria in his laboratory. If the bacteria are killed at a rate of 8^9 per sec, how many bacteria would be killed after 8^2 sec?

   8^{11} bacteria

3. A satellite orbits the earth at about 13^4 km per hour. How long would it take to complete 24 orbits, which is a distance of about 13^5 km?

   13 hr

4. The side of a cube is 3^4 centimeters long. What is the volume of the cube? (Hint: $V = s^3$.)

   3^{12} cm

Use the table to answer Exercises 5–6. The table describes the number of people involved at each level of a pyramid scheme. In a pyramid scheme each individual recruits so many others to participate who in turn recruit others, and so on. Choose the letter of the best answer.

Pyramid Scheme

Each person recruits 5 others.

Level	Total Number of People
1	5
2	5^2
3	5^3
4	5^4

5. Using exponents, how many people will be involved at level 6?

   A 6^6 C 5^5
   B 6^5 (D) 5^6

6. How many more people will be involved at level 6 than at level 2?

   (F) 5^4 H 5^5
   G 5^3 J 5^6

7. There are 10^3 ways to make a 3-digit combination, but there are 10^6 ways to make a 6-digit combination. How many times more ways are there to make a 6-digit combination than a 3-digit combination?

   A 5^{10} C 2^5
   B 2^{10} (D) 10^3

8. After 3 hours, a bacteria colony has $(25^3)^3$ bacteria present. How many bacteria are in the colony?

   F 25^1 (H) 25^9
   G 25^6 J 25^{33}

LECCIÓN **4-3**

Resolución de problemas

Propiedades de los exponentes

Escribe cada respuesta como una potencia.

1. Cindy separó sus moscas de la fruta en grupos iguales. Estima que hay 2^{10} moscas de la fruta en cada uno de los 2^2 tarros. ¿Cuántas moscas de la fruta tiene Cindy en total?

   2^{12} moscas de la fruta

2. Supongamos que un investigador prueba un nuevo método de pasteurización en una cepa de bacterias en su laboratorio. Si se matan las bacterias a una tasa de 8^9 por seg, ¿cuántas bacterias se matarían después de 8^2 seg?

   8^{11} bacterias

3. Un satélite gira en órbita alrededor de la Tierra a aproximadamente 13^4 km por hora. ¿Cuánto tardaría en completar 24 órbitas, que es una distancia de aproximadamente 13^5 km?

   13 h

4. El lado de un cubo mide 3^4 centímetros de largo. ¿Cuál es el volumen del cubo? (Pista: $V = l^3$.)

   3^{12} cm

Usa la tabla para responder a los Ejercicios 5 y 6. En la tabla se describe la cantidad de personas que participan en cada nivel de un esquema piramidal. En un esquema piramidal, cada individuo recluta cierta cantidad de personas para participar, quienes a su vez reclutan a otras, y así sucesivamente. Elige la letra de la mejor respuesta.

Esquema piramidal

Cada persona recluta a otras 5.

Nivel	Cantidad total de personas
1	5
2	5^2
3	5^3
4	5^4

5. Usando exponentes, ¿cuántas personas habrá en el nivel 6?

   A 6^6 C 5^5
   B 6^5 (D) 5^6

6. ¿Cuántas personas más que en el nivel 2 estarán participando en el nivel 6?

   (F) 5^4 H 5^5
   G 5^3 J 5^6

7. Hay 10^3 formas de hacer una combinación de 3 dígitos, pero hay 10^6 formas de hacer una combinación de 6 dígitos. ¿Cuántas veces más se puede hacer una combinación de 6 dígitos que una combinación de 3 dígitos?

   A 5^{10} C 2^5
   B 2^{10} (D) 10^3

8. Después de 3 horas, una colonia de bacterias tiene $(25^3)^3$ bacterias. ¿Cuántas bacterias hay en la colonia?

   F 25^1 (H) 25^9
   G 25^6 J 25^{33}

LESSON 4-4

Problem Solving

Scientific Notation

Write the correct answer.

1. In June 2001, the Intel Corporation announced that they could produce a silicon transistor that could switch on and off 1.5 trillion times a second. Express the speed of the transistor in scientific notation.

   1.5×10^{12}

2. With this transistor, computers will be able to do 1×10^9 calculations in the time it takes to blink your eye. Express the number of calculations using standard notation.

   1,000,000,000

3. The elements in this fast transistor are 20 nanometers long. A nanometer is one-billionth of a meter. Express the length of an element in the transistor in meters using scientific notation.

   2×10^{-8} m

4. The length of the elements in the transistor can also be compared to the width of a human hair. The length of an element is 2×10^{-5} times smaller than the width of a human hair. Express 2×10^{-5} in standard notation.

   0.0002

Use the table to answer Exercises 5–9. Choose the best answer.

Distance From Earth To Stars
Light-Year = 5,880,000,000,000 mi.

Star	Constellation	Distance (light-years)
Sirius	Canis Major	8
Canopus	Carina	650
Alpha Centauri	Centaurus	4
Vega	Lyra	23

5. Express a light-year in miles using scientific notation.
   A 58.8×10^{11} C 588×10^{10}
   (B) 5.88×10^{12} D 5.88×10^{-13}

6. How many miles is it from Earth to the star Sirius?
   F 4.705×10^{12} H 7.35×10^{12}
   (G) 4.704×10^{13} J 7.35×10^{11}

7. How many miles is it from Earth to the star Canopus?
   (A) 3.822×10^{15} C 3.822×10^{14}
   B 1.230×10^{15} D 1.230×10^{14}

8. How many miles is it from Earth to the star Alpha Centauri?
   (F) 2.352×10^{13} H 2.352×10^{14}
   G 5.92×10^{13} J 5.92×10^{14}

9. How many miles is it from Earth to the star Vega?
   A 6.11×10^{13} C 6.11×10^{14}
   B 1.3524×10^{13} (D) 1.3524×10^{14}

LECCIÓN 4-4

Resolución de problemas

Notación científica

Escribe la respuesta correcta.

1. En junio de 2001, la corporación Intel anunció un transistor de silicio que podía encenderse y apagarse 1.5 billones de veces por segundo. Expresa la velocidad del transistor en notación científica.

   1.5×10^{12}

2. Con este transistor, las computadoras podrán hacer 1×10^9 cálculos en un abrir y cerrar de ojos. Expresa la cantidad de cálculos usando la forma estándar.

   1,000,000,000

3. Las partes de este veloz transistor miden 20 nanómetros de largo. Un nanómetro es una milmillonésima de metro. Expresa la longitud de una de las partes del transistor en metros usando notación científica.

   2×10^{-8} m

4. La longitud de las partes del transistor también se puede comparar con el ancho de un cabello humano. La longitud de una parte es 2×10^{-5} veces menor que el ancho de un cabello humano. Expresa 2×10^{-5} en forma estándar.

   0.0002

Usa la tabla para responder a los Ejercicios del 5 al 9. Elige la letra de la mejor respuesta.

Distancia entre la Tierra y las estrellas
Año luz = 5,880,000,000,000 mi

Estrella	Constelación	Distancia (años luz)
Sirio	Can Mayor	8
Canopus	Carina	650
Alfa Centauro	Centauro	4
Vega	Lira	23

5. Expresa un año luz en millas usando notación científica.
   A 58.8×10^{11} C 588×10^{10}
   (B) 5.88×10^{12} D 5.88×10^{-13}

6. ¿Cuántas millas hay entre la Tierra y la estrella Sirio?
   F 4.705×10^{12} H 7.35×10^{12}
   (G) 4.704×10^{13} J 7.35×10^{11}

7. ¿Cuántas millas hay entre la Tierra y la estrella Canopus?
   (A) 3.822×10^{15} C 3.822×10^{14}
   B 1.230×10^{15} D 1.230×10^{14}

8. ¿Cuántas millas hay entre la Tierra y la estrella Alfa Centauro?
   (F) 2.352×10^{13} H 2.352×10^{14}
   G 5.92×10^{13} J 5.92×10^{14}

9. ¿Cuántas millas hay entre la Tierra y la estrella Vega?
   A 6.11×10^{13} C 6.11×10^{14}
   B 1.3524×10^{13} (D) 1.3524×10^{14}

LESSON 4-5

Problem Solving

Squares and Square Roots

Write the correct answer.

1. For college wrestling competitions, the NCAA requires that the wrestling mat be a square with an area of 1764 square feet. What is the length of each side of the wrestling mat?

   42 feet

2. For high school wrestling competitions, the wrestling mat must be a square with an area of 1444 square feet. What is the length of each side of the wrestling mat?

   38 feet

3. The Japanese art of origami requires folding square pieces of paper. Elena begins with a large sheet of square paper that is 169 square inches. How many squares can she cut out of the paper that are 4 inches on each side?

   9 squares

4. When the James family moved into a new house they had a square area rug that was 132 square feet. In their new house, there are three bedrooms. Bedroom one is 11 feet by 11 feet. Bedroom two is 10 feet by 12 feet and bedroom three is 13 feet by 13 feet. In which bedroom will the rug fit?

   Bedroom three

Choose the letter for the best answer.

5. A square picture frame measures 36 inches on each side. The actual wood trim is 2 inches wide. The photograph in the frame is surrounded by a bronze mat that measures 5 inches. What is the maximum area of the photograph?
   A 841 sq. inches B 900 sq. inches
   C 1156 sq. inches (D) 484 sq. inches

6. To create a square patchwork quilt wall hanging, square pieces of material are sewn together to form a larger square. Which number of smaller squares can be used to create a square patchwork quilt wall hanging?
   F 35 squares (G) 64 squares
   H 84 squares J 125 squares

7. A can of paint claims that one can will cover 400 square feet. If you painted a square with the can of paint, how long would it be on each side?
   A 200 feet B 65 feet
   C 25 feet (D) 20 feet

8. A box of tile contains 12 tiles. If you tile a square area using whole tiles, how many tiles will you have left from the box?
   F 9 G 6
   (H) 3 J 0

LECCIÓN 4-5

Resolución de problemas

Cuadrados y raíces cuadradas

Escribe la respuesta correcta.

1. Para los torneos de lucha de las universidades, la Asociación Nacional de Atletismo Universitario, NCAA *(National Collegiate Athletic Association)* exige que la lona sea un cuadrado con un área de 1764 pies cuadrados. ¿Cuál es la longitud de cada lado de la lona de lucha?

   42 pies

2. Para los torneos de lucha de la escuela superior, la lona debe ser un cuadrado con un área de 1444 pies cuadrados. ¿Cuál es la longitud de cada lado de la lona de lucha?

   38 pies

3. El arte japonés llamado origami consiste en doblar trozos cuadrados de papel. Elena comienza con un gran trozo cuadrado de papel que mide 169 pulgadas cuadradas. ¿Cuántos cuadrados de papel de 4 pulgadas de lado puede cortar?

   9 cuadrados

4. Cuando la familia James se mudó a una casa nueva tenían una alfombra cuadrada de 132 pies cuadrados. En la nueva casa hay tres dormitorios. El primer dormitorio mide 11 pies por 11 pies. El segundo dormitorio mide 10 pies por 12 pies y el tercer dormitorio mide 13 pies por 13 pies. ¿En qué dormitorio cabrá la alfombra?

   en el tercer dormitorio

Elige la letra de la mejor respuesta.

5. Un portarretratos cuadrado mide 36 pulgadas de cada lado. Las molduras de madera en sí mismas miden 2 pulgadas de ancho. La fotografía en el portarretratos está rodeada por un ribete de bronce que mide 5 pulgadas. ¿Cuál es el área máxima de la fotografía?
   A 841 pulgadas B 900 pulgadas
   C 1156 pulgadas (D) 484 pulgadas

6. Para hacer un tapiz de retazos cuadrado, se cosen trozos cuadrados para formar un cuadrado más grande. ¿Qué cantidad de cuadrados más pequeños se pueden usar para hacer un tapiz de retazos?
   F 35 cuadrados (G) 64 cuadrados
   H 84 cuadrados J 125 cuadrados

7. En una lata de pintura se afirma que con una lata se cubren 400 pies cuadrados. Si pintaras un cuadrado con la lata de pintura, ¿qué largo tendría cada lado?
   A 200 pies B 65 pies
   C 25 pies (D) 20 pies

8. Una caja de baldosas contiene 12 baldosas. Si colocas baldosas en un área cuadrada usando baldosas enteras, ¿cuántas baldosas te quedarán en la caja?
   F 9 G 6
   (H) 3 J 0

LESSON 4-6

Problem Solving

Estimating Square Roots

The distance to the horizon can be found using the formula $d = 112.88\sqrt{h}$ where d is the distance in kilometers and h is the number of kilometers from the ground. Round your answer to the nearest kilometer.

1. How far is it to the horizon when you are standing on the top of Mt. Everest, a height of 8.85 km?

   336 km

2. Find the distance to the horizon from the top of Mt. McKinley, Alaska, a height of 6.194 km.

   281 km

3. How far is it to the horizon if you are standing on the ground and your eyes are 2 m above the ground?

   5 km

4. Mauna Kea is an extinct volcano on Hawaii that is about 4 km tall. You should be able to see the top of Mauna Kea when you are how far away?

   at most 226 km

You can find the approximate speed of a vehicle that leaves skid marks before it stops. The formulas $S = 5.5\sqrt{0.7L}$ and $S = 5.5\sqrt{0.8L}$, where S is the speed in miles per hour and L is the length of the skid marks in feet, will give the minimum and maximum speeds that the vehicle was traveling before the brakes were applied. Round to the nearest mile per hour.

5. A vehicle leaves a skid mark of 40 feet before stopping. What was the approximate speed of the vehicle before it stopped?
   - A 25–35 mph
   - (C) 29–31 mph
   - B 28–32 mph
   - D 68–70 mph

6. A vehicle leaves a skid mark of 100 feet before stopping. What was the approximate speed of the vehicle before it stopped?
   - (F) 46–49 mph
   - H 62–64 mph
   - G 50–55 mph
   - J 70–73 mph

7. A vehicle leaves a skid mark of 150 feet before stopping. What was the approximate speed of the vehicle before it stopped?
   - A 50–55 mph
   - C 55–70 mph
   - B 53–58 mph
   - (D) 56–60 mph

8. A vehicle leaves a skid mark of 200 feet before stopping. What was the approximate speed of the vehicle before it stopped?
   - F 60–63 mph
   - (G) 65–70 mph
   - H 72–78 mph
   - J 80–90 mph

LECCIÓN 4-6

Resolución de problemas

Cómo estimar raíces cuadradas

La distancia hasta el horizonte se puede hallar usando la fórmula $d = 112.88\sqrt{h}$ donde d es la distancia en kilómetros y h es la cantidad de kilómetros desde el suelo. Redondea tu respuesta al kilómetro más cercano.

1. ¿A qué distancia estás del horizonte cuando estás parado en la cima del monte Everest, a una altura de 8.85 km?

   a 336 km

2. Halla la distancia al horizonte desde la cima del monte McKinley, Alaska, a una altura de 6.194 km.

   281 km

3. ¿A qué distancia estás del horizonte cuando estás parado en el suelo y tus ojos están a 2 m del suelo?

   a 5 km

4. Mauna Kea es un volcán extinto de Hawai que mide alrededor de 4 km de altura. ¿Desde qué distancia deberías poder ver la cima del Mauna Kea?

   desde 226 km como máximo

Puedes hallar la velocidad aproximada de un vehículo que se barre y deja una huella en el suelo antes de detenerse. Las fórmulas $V = 5.5\sqrt{0.7L}$ y $V = 5.5\sqrt{0.8L}$, donde V es la velocidad en millas por hora y L es la longitud de la huella en pies, darán las velocidades mínima y máxima a las que viajaba el vehículo antes de que se aplicaran los frenos. Redondea a la milla por hora más cercana.

5. Un vehículo se barre y deja una huella de 40 pies antes de detenerse. ¿Cuál era la velocidad aproximada del vehículo antes de frenar?
   - A entre 25 y 35 mph
   - B entre 28 y 32 mph
   - (C) entre 29 y 31 mph
   - D entre 68 y 70 mph

6. Un vehículo se barre y deja una huella de 100 pies antes de detenerse. ¿Cuál era la velocidad aproximada del vehículo antes de frenar?
   - (F) entre 46 y 49 mph
   - G entre 50 y 55 mph
   - H entre 62 y 64 mph
   - J entre 70 y 73 mph

7. Un vehículo se barre y deja una huella de 150 pies antes de detenerse. ¿Cuál era la velocidad aproximada del vehículo antes de frenar?
   - A entre 50 y 55 mph
   - B entre 53 y 58 mph
   - C entre 55 y 70 mph
   - (D) entre 56 y 60 mph

8. Un vehículo se barre y deja una huella de 200 pies antes de detenerse. ¿Cuál era la velocidad aproximada del vehículo antes de frenar?
   - F entre 60 y 63 mph
   - (G) entre 65 y 70 mph
   - H entre 72 y 78 mph
   - J entre 80 y 90 mph

LESSON 4-7

Problem Solving

The Real Numbers

Write the correct answer.

1. Twin primes are prime numbers that differ by 2. Find an irrational number between twin primes 5 and 7.

   Possible answer: $\sqrt{31}$

2. Rounded to the nearest ten-thousandth, $\pi = 3.1416$. Find a rational number between 3 and π.

   Possible answer: $\frac{31}{10}$

3. One famous irrational number is e. Rounded to the nearest ten-thousandth $e \approx 2.7183$. Find a rational number that is between 2 and e.

   Possible answer: $\frac{5}{2}$

4. Perfect numbers are those that the divisors of the number sum to the number itself. The number 6 is a perfect number because $1 + 2 + 3 = 6$. The number 28 is also a perfect number. Find an irrational number between 6 and 28.

   Possible answer: $\sqrt{43}$

Choose the letter for the best answer.

5. Which is a rational number?
   - A the length of a side of a square with area 2 cm^2
   - (B) the length of a side of a square with area 4 cm^2
   - C a non-terminating decimal
   - D the square root of a prime number

6. Which is an irrational number?
   - F a number that can be expressed as a fraction
   - G the length of a side of a square with area 4 cm^2
   - (H) the length of a side of a square with area 2 cm^2
   - J the square root of a negative number

7. Which is an integer?
   - A the number half-way between 6 and 7
   - B the average rainfall for the week if it rained 0.5 in., 2.3 in., 0 in., 0 in., 0 in., 0.2 in., 0.75 in. during the week
   - C the money in an account if the balance was $213.00 and $21.87 was deposited
   - (D) the net yardage after plays that resulted in a 15 yard loss, 10 yard gain, 6 yard gain and 5 yard loss

8. Which is a whole number?
   - F the number half-way between 6 and 7
   - (G) the total amount of sugar in a recipe that calls for $\frac{1}{4}$ cup of brown sugar and $\frac{3}{4}$ cup of granulated sugar
   - H the money in an account if the balance was $213.00 and $21.87 was deposited
   - J the net yardage after plays that resulted in a 15 yard loss, 10 yard gain, 6 yard gain and 5 yard loss

LECCIÓN 4-7

Resolución de problemas

Los números reales

Escribe la respuesta correcta.

1. Los números primos gemelos tienen una diferencia de 2. Halla un número irracional entre los primos gemelos 5 y 7.

   Respuesta posible: $\sqrt{31}$

2. Redondeado a la diezmilésima más cercana, $\pi = 3.1416$. Halla un número racional entre 3 y π.

   Respuesta posible: $\frac{31}{10}$

3. Un número irracional conocido es e. Redondeado a la diezmilésima más cercana, $e \approx 2.7183$. Halla un número racional que esté entre 2 y e.

   Respuesta posible: $\frac{5}{2}$

4. Un número es perfecto si la suma de sus divisores es igual al número mismo. El número 6 es perfecto porque $1 + 2 + 3 = 6$. El número 28 también es un número perfecto. Halla un número irracional entre 6 y 28.

   Respuesta posible: $\sqrt{43}$

Elige la letra de la mejor respuesta.

5. ¿Qué número es racional?
   - A la longitud del lado de un cuadrado de 2 cm^2 de área
   - (B) la longitud del lado de un cuadrado de 4 cm^2 de área
   - C un decimal infinito
   - D la raíz cuadrada de un número primo

6. ¿Qué número es irracional?
   - F un número que se puede expresar como una fracción
   - G la longitud del lado de un cuadrado de 4 cm^2 de área
   - (H) la longitud del lado de un cuadrado de 2 cm^2 de área
   - J la raíz cuadrada de un número negativo

7. ¿Qué número es entero?
   - A el número a medio camino entre 6 y 7
   - B el promedio de precipitaciones de la semana si llovió 0.5 pulg, 2.3 pulg, 0 pulg, 0 pulg, 0 pulg, 0.2 pulg y 0.75 pulg durante la semana.
   - C el dinero de una cuenta si el saldo era $213.00 y se depositaron $21.87
   - (D) la medida neta en yardas después de jugadas en que se perdieron 15 yardas, se ganaron 10, se ganaron 6 y se perdieron 5 yardas

8. ¿Qué número es cabal?
   - F el número a medio camino entre 6 y 7
   - (G) la cantidad total de azúcar de una receta que lleva $\frac{1}{4}$ taza de azúcar negro y $\frac{3}{4}$ taza de azúcar granulada
   - H el dinero de una cuenta si el saldo era $213.00 y se depositaron $21.87
   - J la medida neta en yardas después de jugadas en que se perdieron 15 yardas, se ganaron 10, se ganaron 6 y se perdieron 5 yardas

LESSON 4-8
Problem Solving
The Pythagorean Theorem

Write the correct answer. Round to the nearest tenth.

1. A utility pole 10 m high is supported by two guy wires. Each guy wire is anchored 3 m from the base of the pole. How many meters of wire are needed for the guy wires?

 20.9 m

2. A 12 foot-ladder is resting against a wall. The base of the ladder is 2.5 feet from the base of the wall. How high up the wall will the ladder reach?

 11.7 ft

3. The base-path of a baseball diamond form a square. If it is 90 ft from home to first, how far does the catcher have to throw to catch someone stealing second base?

 127.3 ft

4. A football field is 100 yards with 10 yards at each end for the end zones. The field is 45 yards wide. Find the length of the diagonal of the entire field, including the end zones.

 128.2 yd

Choose the letter for the best answer.

5. The frame of a kite is made from two strips of wood, one 27 inches long, and one 18 inches long. What is the perimeter of the kite? Round to the nearest tenth.

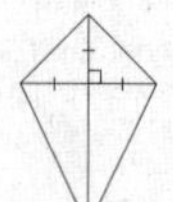

 A 18.8 in. (C) 65.7 in.
 B 32.8 in. D 131.2 in.

6. The glass for a picture window is 8 feet wide. The door it must pass through is 3 feet wide. How tall must the door be for the glass to pass through the door? Round to the nearest tenth.

 F 3.3 ft (H) 7.4 ft
 G 6.7ft J 8.5 ft

7. A television screen measures approximately 15.5 in. high and 19.5 in. wide. A television is advertised by giving the approximate length of the diagonal of its screen. How should this television be advertised?

 (A) 25 in. C 12 in.
 B 21 in. D 6 in.

8. To meet federal guidelines, a wheelchair ramp that is constructed to rise 1 foot off the ground must extend 12 feet along the ground. How long will the ramp be? Round to the nearest tenth.

 F 11.9 ft H 13.2 ft
 (G) 12.0 ft J 15.0 ft

LECCIÓN 4-8
Resolución de problemas
El teorema de Pitágoras

Escribe la respuesta correcta. Redondea a la décima más cercana.

1. Un poste de 10 m de alto se sostiene con dos cables tensores. Cada uno está anclado a 3 m de la base del poste. ¿Cuántos metros de cable se necesitan para los dos cables tensores?

 20.9 m

2. Una escalera de 12 pies de altura está apoyada contra una pared. La base de la escalera está a 2.5 pies de la base de la pared. ¿A qué altura de la pared llegará la escalera?

 a 11.7 pies

3. Las bases de un diamante de béisbol forman un cuadrado. Si de la base del bateador a la primera hay 90 pies, ¿qué tan lejos debe lanzar la pelota el receptor para atrapar a alguien robando la segunda base?

 127.3 pies

4. Un campo de fútbol mide 100 yd con 10 yd en cada extremo para las zonas de anotación. El campo mide 45 yd de ancho. Halla la longitud de la diagonal de todo el campo, con las zonas de anotación.

 128.2 yd

Elige la letra de la mejor respuesta.

5. El marco de una cometa está hecho con dos tiras de madera, una de 27 y otra de 18 pulg de largo. ¿Cuál es el perímetro de la cometa? Redondea a la décima más cercana.

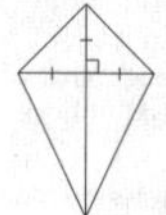

 A 18.8 pulg (C) 65.7 pulg
 B 32.8 pulg D 131.2 pulg

6. El vidrio de un ventanal mide 8 pies de ancho. La puerta por la que debe pasar mide 3 pies de ancho. ¿Qué altura debe tener la puerta para que pueda pasar el vidrio? Redondea a la décima más cercana.

 F 3.3 pies (H) 7.4 pies
 G 6.7pies J 8.5 pies

7. La pantalla de un televisor mide aproximadamente 15.5 pulg de altura y 19.5 pulg de ancho. Para publicitar un televisor se da la longitud aproximada de la diagonal de la pantalla. ¿Cómo se debería publicitar este televisor?

 (A) 25 pulg C 12 pulg
 B 21 pulg D 6 pulg

8. Una rampa para sillas de ruedas que se eleva a 1 pie del suelo debe extenderse 12 pies a lo largo del suelo. ¿Qué longitud tendrá la rampa? Redondea a la décima más cercana.

 F 11.9 pies H 13.2 pies
 (G) 12.0 pies J 15.0 pies

LESSON 5-1
Problem Solving
Ratios and Proportions

A medicine for dogs indicates that the medicine should be administered in the ratio 0.5 tsp per 5 lb, based on the weight of the dog. Write the correct answer.

1. Jaime has a 60 lb dog. She plans to give the dog 12 teaspoons of medicine. Is she administering the medicine correctly?

 no

2. Jaime also has a 15 lb puppy. She plans to give the puppy 1.5 teaspoons of medicine. Is she administering the medicine correctly?

 yes

Sports statistics can be given as ratios. Find the ratios for the given statistics. Reduce each ratio.

3. In 69 games, Darrel Armstrong of the Orlando Magic had 136 steals and 144 turnovers. What is his steals per turnover ratio?

 $\frac{17}{18}$

4. In 69 games, Ben Wallace of the Detroit Pistons blocked 234 shots. What is his blocks per game ratio?

 $\frac{78}{23}$

Choose the letter for the best answer.

5. There are 675 students and 30 teachers in the middle school. What is the ratio of teachers to students?

 A $\frac{45}{2}$ C $\frac{1}{27}$
 (B) $\frac{2}{45}$ D $\frac{27}{1}$

6. In a science experiment, out of a sample of seeds, 13 sprouted and 7 didn't. What is the ratio of seeds that sprouted to the number of seeds planted?

 F $\frac{13}{7}$ (H) $\frac{13}{20}$
 G $\frac{7}{13}$ J $\frac{7}{20}$

7. Many Internet services advertise their customer to modem ratio. One company advertises a 10 to 1 customer to modem ratio. Find a ratio that is equivalent to $\frac{10}{1}$.

 (A) $\frac{40}{4}$ C $\frac{400}{4}$
 B $\frac{2}{20}$ D $\frac{50}{10}$

8. A molecule of sulfuric acid contains 2 atoms of hydrogen to every 4 atoms of oxygen. Which combination of hydrogen and oxygen atoms could be sulfuric acid?

 F 4 atoms of hydrogen and 6 atoms of oxygen
 G 6 atoms of hydrogen and 10 atoms of oxygen
 (H) 6 atoms of hydrogen and 12 atoms of oxygen
 J 16 atoms of hydrogen and 8 atoms of oxygen

LECCIÓN 5-1
Resolución de problemas
Razones y proporciones

En un medicamento para perros se indica que el medicamento se debería administrar a una razón de 0.5 cdta cada 5 lb, de acuerdo con el peso del perro. Escribe la respuesta correcta.

1. Jaime tiene un perro de 60 lb. Piensa darle 12 cdtas del medicamento. ¿Está administrándolo bien?

 no

2. Jaime también tiene un cachorro de 15 lb. Piensa darle 1.5 cdtas del medicamento. ¿Está administrándolo bien?

 sí

Las estadísticas deportivas se pueden dar como razones. Halla las razones de las estadísticas dadas. Reduce cada razón.

3. Darrel Armstrong, de los Orlando Magic, robó 136 pelotas y perdió 144 en 69 partidos. ¿Cuál es la razón de las pelotas robadas a las perdidas?

 $\frac{17}{18}$

4. Ben Wallace, de los Detroit Pistons, bloqueó 234 tiros en 69 partidos. ¿Cuál es la razón de bloqueos a partidos?

 $\frac{78}{23}$

Elige la letra de la mejor respuesta.

5. En la escuela intermedia hay 675 estudiantes y 30 maestros. ¿Cuál es la razón de maestros a estudiantes?

 A $\frac{45}{2}$ C $\frac{1}{27}$
 (B) $\frac{2}{45}$ D $\frac{27}{1}$

6. En un experimento 13 semillas germinaron y 7 no. ¿Cuál es la razón de semillas que germinaron a la cantidad que se plantó?

 F $\frac{13}{7}$ (H) $\frac{13}{20}$
 G $\frac{7}{13}$ J $\frac{7}{20}$

7. Muchos servicios de Internet anuncian su razón de clientes a módems. Una compañía anuncia una razón de clientes a módems de 10 a 1. Halla una razón que sea equivalente a $\frac{10}{1}$.

 (A) $\frac{40}{4}$ C $\frac{400}{4}$
 B $\frac{2}{20}$ D $\frac{50}{10}$

8. Una molécula de ácido sulfúrico contiene 2 átomos de hidrógeno cada 4 de oxígeno. ¿Qué combinación de átomos de hidrógeno y oxígeno podrían formar ácido sulfúrico?

 F 4 átomos de hidrógeno y 6 de oxígeno
 G 6 átomos de hidrógeno y 10 de oxígeno
 (H) 6 átomos de hidrógeno y 12 de oxígeno
 J 16 átomos de hidrógeno y 8 de oxígeno

LESSON 5-2
Problem Solving
Ratios, Rates, and Unit Rates

Scientists have researched the ratio of brain weight to body size in different animals. The results are in the table below.

Animal	Brain Weight / Body Weight
Cat	$\frac{1}{100}$
Dog	$\frac{1}{125}$
Elephant	$\frac{1}{560}$
Hippo	$\frac{1}{2789}$
Horse	$\frac{1}{600}$
Human	$\frac{1}{40}$
Small birds	$\frac{1}{12}$

1. Order the animals by their brain weight to body weight ratio, from smallest to largest.

   hippo, horse, elephant, dog, cat, human, small birds

2. It has been hypothesized that the higher the brain weight to body weight ratio, the more intelligent the animal is. By this measure, which animals listed are the most intelligent?

   small birds

3. Name two sets of animals that have approximately the same brain weight to body weight ratio.

   elephant and horse; cat & dog

Find the unit rate. Round to the nearest hundredth.

4. A 64-ounce bottle of apple juice costs $1.35.
   A $0.01/oz (B) $0.02/oz C $0.47/oz D $47.4/oz
5. Find the unit rate for a 2 lb package of hamburger that costs $3.45.
   F $0.58/lb G $1.25/b (H) $1.73/lb J $2.28/lb
6. 12 slices of pizza cost $9.00.
   A $0.45/slice B $0.50/slice (C) $0.75/slice D $1.33/slice
7. John is selling 5 comic books for $6.00.
   F $0.83/book (G) $1.20/book H $1.02/book J $1.45/book
8. There are 64 beats in 4 measures of music.
   (A) 16 beats/measure
   B 12 beats/measure
   C 4 beats/measure
   D 0.06 beats/measure
9. The average price of a 30 second commercial for the 2002 Super Bowl was $1,900,000.
   F $120.82/sec
   G $1,242.50/sec
   H $5,839.02/sec
   (J) $63,333.33/sec

LECCIÓN 5-2
Resolución de problemas
Razones, tasas y tasas unitarias

Un grupo de científicos han investigado la razón del peso del cerebro al tamaño del cuerpo de distintos animales. Los resultados se encuentran en la siguiente tabla.

Animal	Peso del cerebro / Peso del cuerpo
Gato	$\frac{1}{100}$
Perro	$\frac{1}{125}$
Elefante	$\frac{1}{560}$
Hipopótamo	$\frac{1}{2789}$
Caballo	$\frac{1}{600}$
Ser humano	$\frac{1}{40}$
Pájaros	$\frac{1}{12}$

1. Ordena los animales de menor a mayor según la razón del peso del cerebro al peso del cuerpo.

   hipopótamo, caballo, elefante, perro, gato, ser humano, pájaros

2. Según una hipótesis, cuanto mayor es la razón del peso del cerebro al peso del cuerpo, más inteligente es el animal. De acuerdo con esta medida, ¿qué animales de la lista son los más inteligentes?

   los pájaros

3. Menciona dos pares de animales que tengan aproximadamente la misma razón del peso del cerebro al peso del cuerpo.

   elefante y caballo; gato y perro

Halla la tasa unitaria. Redondea a la centésima más cercana.

4. Una botella de jugo de manzana de 64 onzas cuesta $1.35.
   A $0.01/oz (B) $0.02/oz C $0.47/oz D $47.4/oz
5. Halla la tasa unitaria de un paquete de hamburguesas de 2 lb a $3.45.
   F $0.58/lb G $1.25/lb (H) $1.73/lb J $2.28/lb
6. 12 porciones de pizza cuestan $9.00.
   A $0.45/porción B $0.50/porción (C) $0.75/porción D $1.33/porción
7. John está vendiendo 5 revistas de historietas a $6.00.
   F $0.83/revista (G) $1.20/revista H $1.02/revista J $1.45/revista
8. En 4 compases de música hay 64 tiempos.
   (A) 16 tiempos/compás
   B 12 tiempos/compás
   C 4 tiempos/compás
   D 0.06 tiempos/compás
9. El precio promedio de un comercial de 30 segundos durante el Super Bowl de 2002 fue $1,900,000.
   F $120.82/s
   G $1,242.50/s
   H $5,839.02/s
   (J) $63,333.33/s

LESSON 5-3
Problem Solving
Dimensional Analysis

Use the following: 1 mile = 1.609 km; 1 kg = 2.2046 lb. Round to the nearest tenth.

1. Worker bees travel up to 14 km to find pollen and nectar. How far will a worker bee travel in miles?

   8.7 mi

2. Worker bees can travel at 24 km/h. How fast can the worker bee travel in miles per hour?

   14.9 miles an hour

3. The average hippopotamus weighs 1800 kg. How many pounds does the average hippopotamus weigh?

   3,968.3 lb

4. At the age of 45, an elephant grows teeth, each weighing 4 kg. How many pounds do these teeth weigh?

   8.8 lb

Paraceratherium was the biggest land mammal there has ever been. It lived about 35 million years ago and was 8 m tall and 11 m long. It looked like a gigantic rhinoceros but had a long neck like a giraffe. 1 foot = 0.3048 meters. Round to the nearest tenth.

5. How tall was the paraceratherium in feet?

   26.2 ft

6. How long was the paraceratherium in feet?

   36.1 ft

Round to the nearest tenth. Choose the letter for the best answer.

7. The fastest sporting animal is the racing pigeon that flies up to 110 mi an hour. How fast is the racing pigeon in feet each second?
   A 75.0 ft/s (B) 161.3 ft/s C 543.2 ft/s D 9,680 ft/s
8. The longest gloved fight between two Americans lasted for more than seven hours before being declared a draw. How many seconds did the fight last?
   F 127 s G 385 s H 420 s (J) 25,200 s
9. The average person falls asleep in seven minutes. How many seconds does it take the average person to fall asleep?
   A 127 s B 385 s (C) 420 s D 25,200 s
10. The brain of an average adult male weighs 55 oz. How many pounds does the average male brain weigh?
   (F) 3.4 lb G 5.8 lb H 13.8 lb J 880 lb

LECCIÓN 5-3
Resolución de problemas
Análisis dimensional

Usa los siguientes datos: 1 milla = 1.609 km; 1 kg = 2.2046 lb. Redondea a la décima más cercana.

1. Las abejas obreras recorren hasta 14 km para encontrar polen y néctar. ¿Qué distancia recorrerá una abeja obrera en millas?

   8.7 mi

2. Las abejas obreras llegan a viajar a 24 km/h. ¿Qué velocidad puede alcanzar una abeja obrera en millas por hora?

   14.9 millas por hora

3. El hipopótamo promedio pesa 1800 kg. ¿Cuántas libras pesa el hipopótamo promedio?

   3,968.3 lb

4. Los dientes de un elefante comienzan a crecer cuando el elefante tiene 45 años, y cada diente pesa 4 kg. ¿Cuántas libras pesan estos dientes?

   8.8 lb

El paraceratherium era el mamífero terrestre más grande que jamás ha existido. Vivió hace aproximadamente 35 millones de años y medía 8 m de alto y 11 m de largo. Parecía un rinoceronte gigantesco, pero tenía el cuello largo como una jirafa. 1 pie = 0.3048 metros. Redondea a la décima más cercana.

5. ¿Qué altura tenía el paraceratherium en pies?

   26.2 pies

6. ¿Qué longitud tenía el paraceratherium en pies?

   36.1 pies

Redondea a la décima más cercana. Elige la letra de la mejor respuesta.

7. El animal para actividades deportivas más veloz es la paloma mensajera, que vuela hasta 110 mi por hora. ¿Qué velocidad en pies por segundo alcanza la paloma mensajera?
   A 75.0 pies/s (B) 161.3 pies/s C 543.2 pies/s D 9,680 pies/s
8. La pelea de boxeo más larga entre dos estadounidenses duró más de siete horas antes de que declararan un empate. ¿Cuántos segundos duró la pelea?
   F 127 s G 385 s H 420 s (J) 25,200 s
9. Una persona promedio tarda siete minutos en quedarse dormida. ¿En cuántos segundos se queda dormida una persona promedio?
   A en 127 s B en 385 s (C) en 420 s D en 25,200 s
10. El cerebro de un hombre adulto promedio pesa 55 oz. ¿Cuántas libras pesa el cerebro de un hombre adulto promedio?
   (F) 3.4 lb G 5.8 lb H 13.8 lb J 880 lb

LESSON 5-4

Problem Solving

Solving Proportions

Use the ratios in the table to answer each question. Round to the nearest tenth.

Body Part	Body Part / Height
Femur	$\frac{1}{4}$
Tibia	$\frac{1}{5}$
Hand span	$\frac{2}{17}$
Arm span	$\frac{1}{1}$
Head circumference	$\frac{1}{3}$

1. Which body part is the same length as the person's height?

   arm span

2. If a person's tibia is 13 inches, how tall would you expect the person to be?

   65 inches

3. If a person's hand span is 8.5 inches, about how tall would you expect the person to be?

   72.3 inches

4. If a femur is 18 inches long, how many feet tall would you expect the person to be?

   6 feet

5. What would you expect the head circumference to be of a person who is 5.5 feet tall?

   1.8 feet

6. What would you expect the hand span to be of a person who is 5 feet tall?

   0.6 feet

Choose the letter for the best answer.

7. Five milliliters of a children's medicine contains 400 mg of the drug amoxicillin. How many mg of amoxicillin does 25 mL contain?

   A 0.3 mg C 2000 mg (circled)
   B 80 mg D 2500 mg

8. Vladimir Radmanovic of the Seattle Supersonics makes, on average, about 2 three-pointers for every 5 he shoots. If he attempts 10 three-pointers in a game, how many would you expect him to make?

   F 4 (circled) H 8
   G 5 J 25

9. In 2002, a 30-second commercial during the Super Bowl cost an average of $1,900,000. At this rate, how much would a 45-second commercial cost?

   A $1,266,666 C $3,500,000
   B $2,850,000 (circled) D $4,000,000

10. A medicine for dogs indicates that the medicine should be administered in the ratio 2 teaspoons per 5 lb, based on the weight of the dog. How much should be given to a 70 lb dog?

    F 5 teaspoons H 14 teaspoons
    G 12 teaspoons J 28 teaspoons (circled)

LECCIÓN 5-4

Resolución de problemas

Cómo resolver proporciones

Usa las razones de la tabla para responder a cada pregunta. Redondea a la décima más cercana.

Parte del cuerpo	Parte del cuerpo / Altura
Fémur	$\frac{1}{4}$
Tibia	$\frac{1}{5}$
Mano abierta	$\frac{2}{17}$
Brazos totalmente abiertos	$\frac{1}{1}$
Circunferencia de la cabeza	$\frac{1}{3}$

1. ¿Qué parte del cuerpo tiene la misma longitud que la estatura de la persona?

   los brazos totalmente abiertos

2. Si la tibia de una persona mide 13 pulg, ¿qué estatura tendrá la persona?

   65 pulgadas

3. Si la mano abierta de una persona mide 8.5 pulgadas, ¿qué estatura tendrá la persona?

   72.3 pulgadas

4. Si el fémur de una persona mide 18 pulgadas de largo, ¿cuántos pies medirá la persona?

   6 pies

5. ¿Cuál puede ser la circunferencia de la cabeza de una persona que mide 5.5 pies?

   1.8 pies

6. ¿Cuánto puede medir la mano abierta de una persona que mide 5 pies?

   0.6 pies

Elige la letra de la mejor respuesta.

7. Cinco mililitros de un medicamento para niños contienen 400 mg de la droga amoxicilina. ¿Cuántos mg de amoxicilina contienen 25 mL?

   A 0.3 mg C 2000 mg (circled)
   B 80 mg D 2500 mg

8. Vladimir Radmanovic, de los Seattle Supersonics, acierta en promedio aproximadamente 2 tiros de tres puntos de cada 5 que intenta. Si intenta 10 tiros de tres puntos en un juego, ¿cuántos podría acertar?

   F 4 (circled) H 8
   G 5 J 25

9. En el año 2002, un comercial de 30 segundos durante el Super Bowl costaba un promedio de $1,900,000. A esta tasa, ¿cuánto costaría un comercial de 45 segundos?

   A $1,266,666 C $3,500,000
   B $2,850,000 (circled) D $4,000,000

10. Un medicamento para perros se debe administrar a una razón de 2 cdtas por cada 5 lb. ¿Cuánto se debe administrar a un perro de 70 lb?

    F 5 cucharaditas H 14 cucharaditas
    G 12 cucharaditas J 28 cucharaditas (circled)

LESSON 5-5

Problem Solving

Similar Figures

Write the correct answer.

1. Until 1929, United States currency measured 3.13 in. by 7.42 in. The current size is 2.61 in. by 6.14 in. Are the bills similar?

   no

2. Owen has a 3 in. by 5 in. photograph. He wants to make it as large as he can to fit in a 10 in. by 12.5 in. ad. What scale factor will he use? What will be the new size?

   $\frac{1}{2.5}$; 7.5 in. by 12.5 in.

3. A painting is 15 cm long and 8 cm wide. In a reproduction that is similar to the original painting, the length is 36 cm. How wide is the reproduction?

   19.2 cm

4. The two shortest sides of a right triangle are 10 in. and 24 in. long. What is the length of the shortest side of a similar right triangle whose two longest sides are 36 in. and 39 in.?

   15 in.

The scale on a map is 1 inch = 40 miles. Round to the nearest mile.

5. On the map, it is 5.75 inches from Orlando to Miami. How many miles is it from Orlando to Miami?

   A 46 miles C 230 miles (circled)
   B 175 miles D 340 miles

6. On the map it is $18\frac{1}{8}$ inches from Norfolk, VA, to Indianapolis, IN. How many miles is it from Norfolk to Indianapolis?

   F 58 miles H 800 miles
   G 725 miles (circled) J 1025 miles

7. It is 185 miles from Chicago to Indianapolis. On the map it is 2.5 inches from Indianapolis to Terra Haute, IN. How far is it from Chicago to Terra Haute going through Indianapolis?

   A 100 miles C 430 miles
   B 285 miles (circled) D 7500 miles

8. On the map, it is 7.5 inches from Chicago to Cincinnati. Traveling at 65 mi/h, how long will it take to drive from Chicago to Cincinnati? Round to the nearest tenth of an hour.

   F 4.6 hours (circled) H 8.7 hours
   G 5.2 hours J 12.0 hours

LECCIÓN 5-5

Resolución de problemas

Figuras semejantes

Escribe la respuesta correcta.

1. Hasta 1929, los billetes de dólares estadounidenses medían 3.13 pulg por 7.42 pulg. Actualmente miden 2.61 pulg por 6.14 pulg. Los billetes, ¿son semejantes?

   no

2. Owen tiene una fotografía que mide 3 pulg por 5 pulg. Quiere ampliarla lo suficiente para que quepa en un anuncio de 10 pulg por 12.5 pulg. ¿Qué factor de escala va a usar? ¿Cuál será el nuevo tamaño?

   $\frac{1}{2.5}$; 7.5 pulg por 12.5 pulg

3. Una pintura mide 15 cm de largo y 8 cm de ancho. Una reproducción que es semejante a la pintura original mide 36 cm de longitud. ¿Qué ancho tiene la reproducción?

   19.2 cm

4. Los dos lados más cortos de un triángulo rectángulo miden 10 pulg y 24 pulg de largo. ¿Qué longitud tiene el lado más corto de un triángulo rectángulo semejante cuyos dos lados más largos miden 36 pulg y 39 pulg?

   15 pulg

La escala de un mapa es 1 pulgada = 40 millas. Redondea a la milla más cercana.

5. En el mapa hay 5.75 pulgadas desde Orlando hasta Miami. ¿Cuántas millas hay desde Orlando hasta Miami?

   A 46 millas C 230 millas (circled)
   B 175 millas D 340 millas

6. En el mapa hay 18 $\frac{1}{8}$ pulgadas desde Norfolk, VA, hasta Indianápolis, IN. ¿Cuántas millas hay desde Norfolk hasta Indianápolis?

   F 58 millas H 800 millas
   G 725 millas (circled) J 1025 millas

7. Desde Chicago hasta Indianápolis hay 185 millas. En el mapa hay 2.5 pulgadas desde Indianápolis hasta Terra Haute, IN. ¿Qué distancia hay desde Chicago hasta Terra Haute pasando por Indianápolis?

   A 100 millas C 430 millas
   B 285 millas (circled) D 7500 millas

8. En el mapa hay 7.5 pulgadas desde Chicago hasta Cincinnati. Si se viaja a 65 mi/h, ¿cuánto se tardará para ir desde Chicago hasta Cincinnati? Redondea a la décima de hora más cercana.

   F 4.6 horas (circled) H 8.7 horas
   G 5.2 horas J 12.0 horas

LESSON 5-6
Problem Solving
Dilations

Write the correct answer.

1. When you enlarge something on a photocopy machine, is the image a dilation?

   yes

2. When you make a photocopy that is the same size, is the image a dilation? If so, what is the scale factor?

   yes; 1

3. In the movie *Honey, I Blew Up the Kid*, a two-year-old-boy is enlarged to a height of 112 feet. If the average height of a two-year old boy is 3 feet, what is the scale factor of this enlargement?

   $37\frac{1}{3}$

4. In the movie *Honey, I Shrunk the Kids*, an inventor shrinks his kids by a scale factor of about $\frac{1}{240}$. If his kids were about 5 feet tall, how many inches tall were they after they were shrunk?

   $\frac{1}{4}$ in.

Use the coordinate plane for Exercises 5–6. Round to the nearest tenth. Choose the letter for the best answer.

A (0, 5), B (2, 3), C (−2, 3), D (−2, 1), E (2, 1), F (0, −1)

5. What will be the coordinates of A', B' and C' after $\triangle ABC$ is dilated by a factor of 5?

   A $A'(5, 10)$, $B'(7, 8)$, $C'(3, 8)$

   (B) $A'(0, 25)$, $B'(10, 15)$, $C'(-10, 15)$

   C $A'(0, 5)$, $B'(10, 3)$, $C'(-10, 3)$

   D $A'(0, 15)$, $B'(2, 15)$, $C'(-2, 15)$

6. What will be the coordinates of D', E' and F' after $\triangle DEF$ is dilated by a factor of 5?

   (F) $D'(-10, 5)$, $E'(10, 5)$, $F'(0, -5)$

   G $D'(10, 5)$, $E'(5, 5)$, $F'(0, 5)$

   H $D'(10, 0)$, $E'(5, 0)$, $F'(-5, 0)$

   J $D'(10, 5)$, $E'(5, 5)$, $F'(-10, 0)$

7. The projection of a movie onto a screen is a dilation. The universally accepted film size for movies has a width of 35 mm. If a movie screen is 12 m wide, what is the dilation factor?

   A 420 **(C)** 342.9

   B 0.3 **D** 2916.7

LECCIÓN 5-6
Resolución de problemas
Dilataciones

Escribe la respuesta correcta.

1. Cuando amplías algo en una máquina fotocopiadora, la imagen, ¿es una dilatación?

   sí

2. Cuando sacas una fotocopia del mismo tamaño que el original, la imagen, ¿es una dilatación? Si es así, ¿cuál es el factor de escala?

   sí; 1

3. En la película *Querida, agrandé al bebé*, se agranda a un chico de dos años a una altura de 112 pies. Si la altura promedio de un chico de dos años es 3 pies, ¿qué factor de escala tiene este agrandamiento?

   $37\frac{1}{3}$

4. En la película *Querida, encogí a los niños*, un inventor encoge a sus hijos con un factor de escala de aproximadamente $\frac{1}{240}$. Si sus hijos medían aproximadamente 5 pies, ¿cuántas pulgadas medían después de que los encogieran?

   $\frac{1}{4}$ pulg

Usa el plano cartesiano para los Ejercicios 5 y 6. Redondea a la décima más cercana. Elige la letra de la mejor respuesta.

A (0, 5), B (2, 3), C (−2, 3), D (−2, 1), E (2, 1), F (0, −1)

5. ¿Cuáles serán las coordenadas de A', B' y C' después de que $\triangle ABC$ se dilate por un factor de 5?

   A $A'(5, 10)$, $B'(7, 8)$, $C'(3, 8)$

   (B) $A'(0, 25)$, $B'(10, 15)$, $C'(-10, 15)$

   C $A'(0, 5)$, $B'(10, 3)$, $C'(-10, 3)$

   D $A'(0, 15)$, $B'(2, 15)$, $C'(-2, 15)$

6. ¿Cuáles serán las coordenadas de D', E' y F' después de que se dilate $\triangle DEF$ por un factor de 5?

   (F) $D'(-10, 5)$, $E'(10, 5)$, $F'(0, -5)$

   G $D'(10, 5)$, $E'(5, 5)$, $F'(0, 5)$

   H $D'(10, 0)$, $E'(5, 0)$, $F'(-5, 0)$

   J $D'(10, 5)$, $E'(5, 5)$, $F'(-10, 0)$

7. La proyección de una película en una pantalla es una dilatación. El tamaño mundialmente aceptado para las películas tiene un ancho de 35 mm. Si una pantalla de cine mide 12 m de ancho, ¿cuál es el factor de dilatación?

   A 420 **(C)** 342.9

   B 0.3 **D** 2916.7

LESSON 5-7
Problem Solving
Indirect Measurement

Write the correct answer.

1. Celine wants to know the width of the pond. She drew the diagram shown below and labeled it with the measurements she made. How wide is the pond?

   225 m

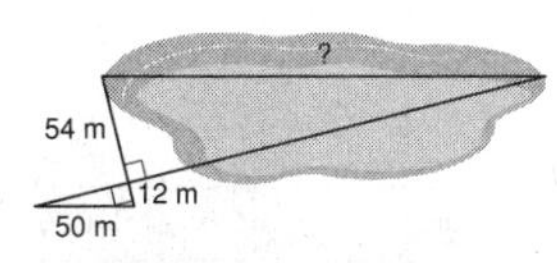

2. Vince wants to know the distance across the canyon. He drew the diagram and labeled it with the measurements he made. What is the distance across the canyon?

   85 ft

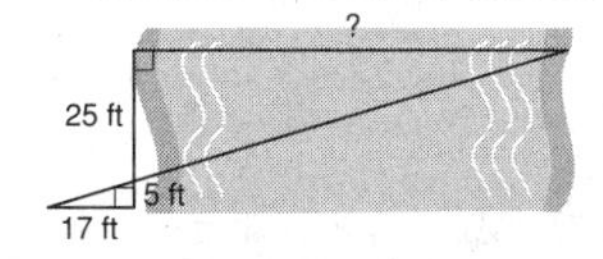

3. Paula places a mirror between herself and a flagpole. She stands so she can see the top of the flagpole in the mirror, creating similar triangles *ABC* and *EDC*. Her eye height is 5 feet and she is standing 6 feet from the mirror. If the mirror is 25 feet from the flagpole, how tall is the flagpole? Round to the nearest foot.

   21 ft

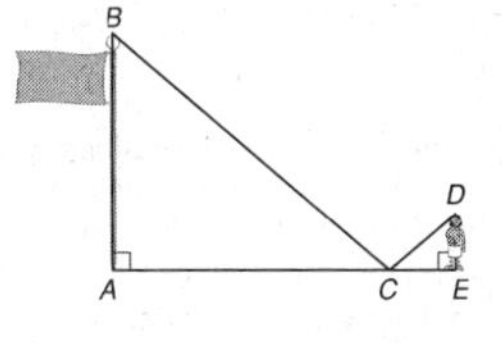

Choose the letter for the best answer.

4. A shrub is 1.5 meters tall and casts a shadow 3.5 meters long. At the same time, a radio tower casts a shadow 98 meters long. How tall is the radio tower?

   A 33 m

   (B) 42 m

   C 147 m

   D 329 m

5. Kim is 56 inches tall. His friend is 42 inches tall. Kim's shadow is 24 inches long. How long is his friend's shadow at the same time?

   (F) 18 in.

   G 32 in.

   H 38 in.

   J 98 in.

LECCIÓN 5-7
Resolución de problemas
Medición indirecta

Escribe la respuesta correcta.

1. Celine quiere conocer el ancho del estanque. Dibujó el siguiente diagrama y lo rotuló con las mediciones que hizo. ¿Qué ancho tiene el estanque?

   225 m

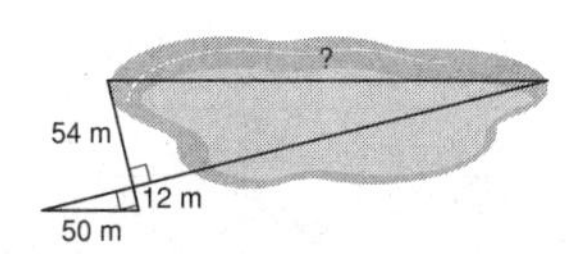

2. Vince quiere conocer la distancia que hay de un extremo del cañón al otro. Dibujó el diagrama y lo rotuló con las mediciones que hizo. ¿Qué distancia hay de un extremo del cañón al otro?

   85 pies

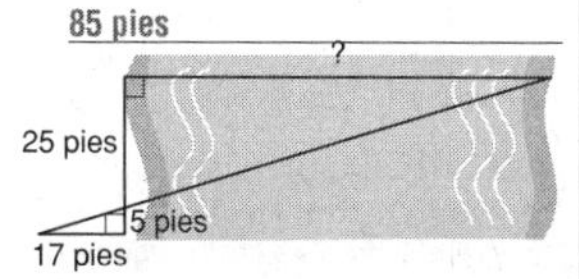

3. Paula coloca un espejo entre ella y un mástil. Se ubica de manera que puede ver el extremo superior del mástil en el espejo, creando los triángulos semejantes *ABC* y *EDC*. Paula se encuentra a 6 pies del espejo y la altura de sus ojos respecto del suelo es 5 pies. Si el espejo está a 25 pies del mástil, ¿qué altura tiene el mástil? Redondea al pie más cercano.

   21 pies

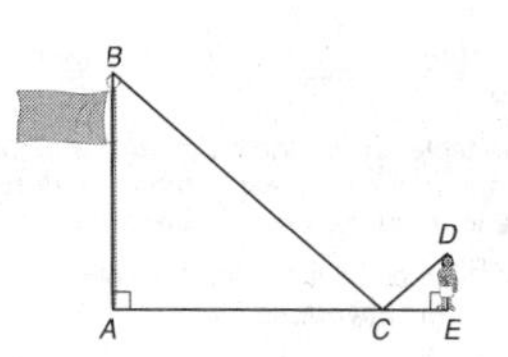

Elige la letra de la mejor respuesta.

4. Un arbusto mide 1.5 metros de alto y proyecta una sombra de 3.5 metros de largo. A la misma hora, la torre de una radio proyecta una sombra de 98 metros de largo. ¿Qué altura tiene la torre de la radio?

   (A) 33 pulg

   B 42 pulg

   C 147 pulg

   D 329 pulg

5. Kim mide 56 pulgadas. Su amigo mide 42 pulgadas de alto. La sombra de Kim mide 24 pulgadas de largo. ¿Cuánto mide la sombra de su amigo a la misma hora?

   (F) 18 pulg

   G 32 pulg

   H 38 pulg

   J 98 pulg

LESSON 5-8

Problem Solving

Scale Drawings and Scale Models

Round to the nearest tenth. Write the correct answer.

1. The Statue of Liberty is approximately 305 feet tall. A scale model of the Statue of Liberty is 5 inches tall. The scale of the model is 1 in. : ____ ft.

   61

2. The right arm of the Statue of Liberty is 42 feet long. How long is the right arm of the Statue of Liberty model given in Exercise 1?

   0.7 inches

3. The diameter of an atom is 10^{-9} cm. If a scale drawing of an atom has a diameter of 10 cm, the scale of the drawing is 1 cm : ____ cm.

   10^{-10}

4. The diameter of the nucleus of an atom is 10^{-13} cm. If a scale drawing of the nucleus of an atom has a diameter of 1 cm, the scale of the drawing is 1 cm : ____ cm.

   10^{-13}

The toy car in Exercises 5-6 has a scale of $\frac{1}{40}$. Choose the letter for the best answer.

5. The diameter of the steering wheel of the actual car is 15 inches. What is the diameter of the toy car's steering wheel?

   Ⓐ $\frac{3}{8}$in.   C $1\frac{1}{2}$ in.
   B $\frac{1}{2}$in.   D $2\frac{2}{3}$in.

6. The diameter of the toy car's tire is $\frac{5}{8}$ in. What is the diameter of the tire of the actual car?

   F $12\frac{1}{2}$ in.   Ⓗ 25 in.
   G 16 in.   J 64 in.

7. On a scale drawing, a 14 ft room is pictured as 3.5 inches. What is the scale of the drawing?

   Ⓐ $\frac{1}{4}$ in.   C $\frac{1}{4}$:14
   B $\frac{1}{2}$ in.   D 1:56

8. On a scale drawing, $\frac{1}{2}$ inch = 1 foot. A room is pictured as 7.5 inches by 6 inches. How many square yards of carpet are needed for the room?

   F 5 yd^2 H 45 yd^2
   Ⓖ 20 yd^2 J 90 yd^2

9. On a scale drawing of a computer component, $\frac{1}{4}$ in. = 4 in. On the drawing, a piece is $\frac{3}{8}$ in. long. How long is the actual piece?

   A 1.5 in.   Ⓒ 6 in.
   B 3 in.   D 7.5 in.

10. A scale drawing has a $\frac{1}{4}$ inch scale. The width of a 12 foot room is going to be increased by 4 feet. How much wider will the room be on the drawing?

    F $\frac{1}{4}$ in.   Ⓗ 1 in.
    G $\frac{1}{2}$ in.   J 4 in.

LECCIÓN 5-8

Resolución de problemas

Dibujos y modelos a escala

Redondea a la décima más cercana. Escribe la respuesta correcta.

1. La Estatua de la Libertad mide unos 305 pies de altura. Un modelo a escala de ella mide 5 pulg. La escala del modelo es 1 pulg: ___ pies.

   61

2. El brazo derecho de la Estatua de la Libertad mide 42 pies de largo. ¿Cuánto mide el del modelo del Ejercicio 1?

   0.7 pulgadas

3. El diámetro de un átomo es 10^{-9} cm. Si un dibujo a escala del átomo tiene un diámetro de 10 cm, la escala del dibujo es 1 cm: ____ cm.

   10^{-10}

4. El diámetro del núcleo de un átomo es 10^{-13} cm. Si un dibujo a escala del núcleo de un átomo tiene un diámetro de 1 cm, la escala del dibujo es 1 cm: ____ cm.

   10^{-13}

El automóvil de juguete de los Ejercicios 5 y 6 tiene una escala de $\frac{1}{40}$. Elige la letra de la mejor respuesta.

5. El diámetro del volante del automóvil real es 15 pulgadas. ¿Cuál es el diámetro del de juguete?

   Ⓐ $\frac{3}{8}$pulg   C $1\frac{1}{2}$ pulg
   B $\frac{1}{2}$pulg   D $2\frac{2}{3}$pulg

6. El diámetro del neumático de juguete es $\frac{5}{8}$ pulg. ¿Cuál es el diámetro del neumático real?

   F $12\frac{1}{2}$ pulg   Ⓗ 25 pulg
   G 16 pulg   J 64 pulg

7. En un dibujo a escala, una habitación de 14 pies tiene 3.5 pulgadas. ¿Cuál es la escala del dibujo?

   Ⓐ $\frac{1}{4}$ pulg   C $\frac{1}{4}$:14
   B $\frac{1}{2}$ pulg   D 1:56

8. En un dibujo a escala, $\frac{1}{2}$ pulg = 1 pie. El dibujo a escala de una habitación mide 7.5 pulg por 6 pulg. ¿Cuántas yd^2 de alfombra se necesitan para la habitación?

   F 5 yd^2 H 45 yd^2
   Ⓖ 20 yd^2 J 90 yd^2

9. En un dibujo a escala de un componente de computadora, $\frac{1}{4}$ pulg = 4 pulg. En el dibujo, una pieza mide $\frac{3}{8}$ pulg de largo. ¿Qué tan larga es la pieza real?

   A 1.5 pulg   Ⓒ 6 pulg
   B 3 pulg   D 7.5 pulg

10. Un dibujo a escala tiene una escala de $\frac{1}{4}$ pulg. Se aumentará 4 pies el ancho de una pieza de 12. ¿Cuánto más ancha será la pieza del dibujo?

    F $\frac{1}{4}$ pulg   Ⓗ 1 pulg
    G $\frac{1}{2}$ pulg   J 4 pulg

LESSON 6-1

Problem Solving

Relating Decimals, Fractions, and Percents

The table shows the ratio of brain weight to body size in different animals. Use the table for Exercises 1–3. Write the correct answer.

Animal	Brain Weight / Body Weight	Percent
Mouse	$\frac{1}{40}$	2.5%
Cat	$\frac{1}{100}$	1%
Dog	$\frac{1}{125}$	0.8%
Horse	$\frac{1}{600}$	0.17%
Elephant	$\frac{1}{560}$	0.18%

1. Complete the table to show the percent of each animal's body weight that is brain weight. Round to the nearest hundredth.
2. Which animal has a greater brain weight to body size ratio, a dog or an elephant?

   dog

3. List the animals from least to greatest brain weight to body size ratio.

   horse, elephant, dog, cat, mouse

The table shows the number of wins and losses of the top teams in the National Football Conference from 2004. Choose the letter of the best answer. Round to the nearest tenth.

Team	Wins	Losses
Philadelphia Eagles	13	3
Green Bay Packers	10	6
Atlanta Falcons	11	5
Seattle Seahawks	9	7

4. What percent of games did the Green Bay Packers win?

   A 10%   C 37.5%
   B 60%   Ⓓ 62.5%

5. Which decimal is equivalent to the percent of games the Seattle Seahawks won?

   F 0.05625   H 5.625
   Ⓖ 0.5625   J 56.25

6. Which team listed had the highest percentage of wins?

   Ⓐ Philadelphia Eagles
   B Green Bay Packers
   C Atlanta Falcons
   D Seattle Seahawks

LECCIÓN 6-1

Resolución de problemas

Cómo relacionar decimales, fracciones y porcentajes

En la tabla se muestra la razón del peso del cerebro al tamaño del cuerpo en distintos animales. Usa la tabla para los Ejercicios del 1 al 3. Escribe la respuesta correcta.

Animal	Peso del cerebro / Peso del cuerpo	Porcentaje
Ratón	$\frac{1}{40}$	2.5%
Gato	$\frac{1}{100}$	1%
Perro	$\frac{1}{125}$	0.8%
Caballo	$\frac{1}{600}$	0.17%
Elefante	$\frac{1}{560}$	0.18%

1. Completa la tabla para mostrar el porcentaje del peso corporal de cada animal que corresponde al del cerebro. Redondea a la centésima más cercana.
2. ¿Qué animal tiene mayor razón de peso del cerebro al tamaño del cuerpo: un perro o un elefante?

   un perro

3. Menciona los animales de menor a mayor según la razón del peso del cerebro al tamaño del cuerpo.

   caballo, elefante, perro, gato, ratón

En la tabla se muestra la cantidad de victorias y derrotas de los principales equipos de la Conferencia Nacional de Fútbol Americano en 2004. Elige la letra de la mejor respuesta. Redondea a la décima más cercana.

Equipo	Victorias	Derrotas
Philadelphia Eagles	13	3
Green Bay Packers	10	6
Atlanta Falcons	11	5
Seattle Seahawks	9	7

4. ¿Qué porcentaje de partidos ganaron los Green Bay Packers?

   A 10%   C 37.5%
   B 60%   Ⓓ 62.5%

5. ¿Qué decimal es equivalente al porcentaje de partidos que ganaron los Seattle Seahawks?

   F 0.05625   H 5.625
   Ⓖ 0.5625   J 56.25

6. ¿Qué equipo de la tabla obtuvo el mayor porcentaje de victorias?

   Ⓐ Philadelphia Eagles
   B Green Bay Packers
   C Atlanta Falcons
   D Seattle Seahawks

LESSON 6-2 Problem Solving
Estimate with Percents

Write an estimate.

1. A store requires you to pay 15% up front on special orders. If you plan to special order items worth $74.86, estimate how much you will have to pay up front.

   Possible answer: $11

2. A store is offering 25% off of everything in the store. Estimate how much you will save on a jacket that is normally $58.99.

   Possible answer: $15

3. A certain kind of investment requires that you pay a 10% penalty on any money you remove from the investment in the first 7 years. If you take $228 out of the investment, estimate how much of a penalty you will have to pay.

   Possible answer: $25

4. John notices that about 18% of the earnings from his job go to taxes. If he works 14 hours at $6.25 an hour, about how much of his check will go for taxes?

   Possible answer: $18

Choose the letter for the best estimate.

5. In its first week, an infant can lose up to 10% of its body weight in the first few days of life. Which is a good estimate of how many ounces a 5 lb 13 oz baby might lose in the first week of life?
   - A 0.6 oz
   - (B) 9 oz
   - C 18 oz
   - D 22 oz

6. A CD on sale costs $12.89. Sales tax is 4.75%. Which is the best estimate of the total cost of the CD?
   - F $13.30
   - (G) $13.55
   - H $14.20
   - J $14.50

7. In a class election, Pedro received 52% of the votes. There were 274 students who voted in the election. Which is the best estimate of the number of students who voted for Pedro?
   - A 70 students
   - B 100 students
   - C 125 students
   - (D) 140 students

8. Mel's family went out for breakfast. The bill was $24.25 plus 5.2% sales tax. Mel wants to leave a 20% tip. Which is the best estimate of the total bill?
   - F $25.45
   - G $29.25
   - (H) $30.25
   - J $32.25

LECCIÓN 6-2 Resolución de problemas
Estimar con porcentajes

Escribe una estimación.

1. Una tienda exige a los clientes un pago inicial de 15% por los pedidos especiales. Si piensas hacer un pedido especial por un total de $74.86, estima la cantidad del pago inicial.

   Respuesta posible: $11

2. Una tienda está ofreciendo un 25% de descuento en todos sus productos. Estima cuánto ahorrarás en una chaqueta que normalmente cuesta $58.99.

   Respuesta posible: $15

3. Un determinado tipo de inversión requiere el pago de un recargo de 10% por cualquier cantidad de dinero que se retire de la inversión en los primeros 7 años. Si retiras $228 de la inversión, estima de cuánto será el recargo que deberás pagar.

   Respuesta posible: $25

4. John observa que aproximadamente el 18% de lo que gana en su trabajo se va en impuestos. Si trabaja 14 horas y gana $6.25 por hora, ¿qué cantidad aproximada de su sueldo se irá en impuestos?

   Respuesta posible: $18

Elige la letra de la mejor estimación.

5. En su primera semana de vida, un bebé puede perder hasta el 10% de su peso corporal. ¿Cuál de las siguientes opciones es una buena estimación de la cantidad de onzas que un bebé de 5 lb 13 oz podría perder en su primera semana de vida?
   - A 0.6 oz
   - (B) 9 oz
   - C 18 oz
   - D 22 oz

6. Un CD en oferta cuesta $12.89. El impuesto sobre la venta es 4.75%. ¿Cuál de las siguientes opciones es la mejor estimación del costo total del CD?
   - F $13.30
   - (G) $13.55
   - H $14.20
   - J $14.50

7. En la elección de una clase, Pedro obtuvo el 52% de los votos. En la elección votaron 274 estudiantes. ¿Cuál de las siguientes opciones es la mejor estimación de la cantidad de estudiantes que votaron a Pedro?
   - A 70 estudiantes
   - B 100 estudiantes
   - C 125 estudiantes
   - (D) 140 estudiantes

8. La familia de Mel salió a desayunar. La cuenta fue $24.25 más 5.2% de impuesto sobre la venta. Mel quiere dejar una propina del 20%. ¿Cuál de las siguientes opciones es la mejor estimación del total de la cuenta?
   - F $25.45
   - G $29.25
   - (H) $30.25
   - J $32.25

LESSON 6-3 Problem Solving
Finding Percents

Write the correct answer.

1. Florida State University in Tallahassee, Florida has 29,820 students. Approximately 60% of the students are women. How many of the students are women?

   17,892 students

2. The yearly cost of tuition, room and board at Florida State University for a Florida resident is $10,064. If tuition is $3,208 a year, what percent of the yearly cost is tuition? Round to the nearest tenth of a percent.

   31.9%

3. The yearly cost of tuition, room and board at Florida State University for a non-Florida resident is $23,196. If tuition is $16,340 a year, what percent of the yearly cost is tuition for a non-resident? Round to the nearest tenth of a percent.

   70.4%

4. Approximately 65% of the students who apply to Florida State University are accepted. If 15,000 students apply to Florida State University, how many would you expect to be accepted?

   9750 students

The top four NBA field goal shooters for the 2003–2004 regular season are given in the table below. Choose the letter for the best answer.

NBA Field Goal Leaders 2003–2004 Season

Player	Attempts	Made	Percent
Shaquille O'Neal	948	554	
Donyell Marshall	604		56.6
Elton Brand	950	348	
Dale Davis	913		53.5

5. What percent of field goals did Shaquille O'Neal make? Round to the nearest tenth of a percent.
   - A 0.6%
   - B 1.71%
   - (C) 58.4%
   - D 59.2%

6. How many field goals did Donyell Marshall make in the 2003–2004 regular season?
   - F 38
   - G 114
   - H 295
   - (J) 342

7. What percent of field goals did Elton Brand make? Round to the nearest tenth of a percent.
   - A 1.87%
   - B 50%
   - C 51.9%
   - (D) 36.6%

8. How many field goals did Dale Davis make in the 2003–2004 regular season?
   - F 274
   - G 378
   - H 457
   - (J) 488

LECCIÓN 6-3 Resolución de problemas
Cómo hallar porcentajes

Escribe la respuesta correcta.

1. La Universidad Florida State en Tallahassee, Florida, tiene 29,820 estudiantes. Aproximadamente el 60% de los estudiantes son mujeres. ¿Cuántos estudiantes son mujeres?

   17,892 estudiantes

2. Para un residente de Florida, el costo anual de matrícula y pensión completa en la Universidad Florida State es $10,064. Si la matrícula es $3,208 por año, ¿qué porcentaje del costo anual representa la matrícula a la décima más cercana?

   31.9%

3. Para un no residente de Florida, el costo anual de matrícula y pensión completa en la Universidad Florida State es $23,196. Si la matrícula es $16,340 por año, ¿qué porcentaje del costo anual representa la matrícula para un no residente? Redondea a la décima de porcentaje más cercana.

   70.4%

4. Aproximadamente el 65% de los estudiantes que presentan una solicitud para ingresar a la Universidad Florida State son aceptados. Si 15,000 estudiantes presentan solicitudes para ingresar a la Universidad del estado de Florida, ¿cuántos pueden ser aceptados?

   9750 estudiantes

En la siguiente tabla se da una lista de los cuatro jugadores con mayor efectividad en tiros de dos puntos durante la temporada regular 2003–2004 de la NBA. Elige la letra de la mejor respuesta.

Líderes en anotaciones de dos puntos de la temporada 2003-2004 de la NBA

Jugador	Intento	Anotaciones	Porcentaje
Shaquille O'Neal	948	554	
Donyell Marshall	604		56.6
Elton Brand	950	348	
Dale Davis	913		53.5

5. ¿Qué porcentaje de tiros de dos puntos anotó Shaquille O'Neal? Redondea a la décima de porcentaje más cercana.
   - A 0.6%
   - B 1.71%
   - (C) 58.4%
   - D 59.2%

6. ¿Cuántos tiros de dos puntos anotó Donyell Marshall en la temporada regular 2003–2004?
   - F 38
   - G 114
   - H 295
   - (J) 342

7. ¿Qué porcentaje de tiros de dos puntos anotó Elton Brand? Redondea a la décima de porcentaje más cercana.
   - A 1.87%
   - B 30%
   - C 51.9%
   - (D) 36.6%

8. ¿Cuántos tiros de dos puntos anotó Dale Davis en la temporada regular 2003–2004?
   - F 274
   - G 378
   - H 457
   - (J) 488

LESSON 6-4 Problem Solving
Finding a Number When the Percent is Known

Write the correct answer.

1. The two longest running Broadway shows are *Cats* and *A Chorus Line*. *A Chorus Line* had 6137, or about 82% of the number of performances that *Cats* had. How many performances of *Cats* were there?

   7484

2. *Titanic* and *Star Wars* have made the most money at the box office. *Star Wars* made about 76.7% of the money that *Titanic* made at the box office. If *Star Wars* made about $461 million, how much did *Titanic* make? Round to the nearest million dollars.

   $601 million

Use the table below. Round to the nearest tenth of a percent.

3. What percent of students are in Pre-K through 8th grade?

   71.2%

4. What percent of students are in grades 9–12?

   28.8%

Public Elementary and Secondary School Enrollment, 2001

Grades	Population (in thousands)
Pre-K through grade 8	33,952
Grades 9–12	13,736
Total	47,688

Choose the letter for the best answer.

5. In 2000, women earned about 72.2% of what men did. If the average woman's weekly earnings was $491 in 2000, what was the average man's weekly earnings? Round to the nearest dollar.

   A $355 **(C)** $680
   B $542 D $725

6. The highest elevation in North America is Mt. McKinley at 20,320 ft. The highest elevation in Australia is Mt. Kosciusko, which is about 36% of the height of Mt. McKinley. What is the highest elevation in Australia? Round to the nearest foot.

   F 5480 ft H 12,825 ft
   (G) 7315 ft J 56,444 ft

7. The Gulf of Mexico has an average depth of 4,874 ft. This is about 36.2% of the average depth of the Pacific Ocean. What is the average depth of the Pacific Ocean? Round to the nearest foot.

   A 1764 ft C 10,280 ft
   B 5843 ft **(D)** 13,464 ft

8. Karl Malone is the NBA lifetime leader in free throws. He attempted 11,703 and made 8,636. What percent did he make? Round to the nearest tenth of a percent.

   F 1.4% **(H)** 73.8%
   G 58.6% J 135.6%

LECCIÓN 6-4 Resolución de problemas
Cómo hallar un número cuando se conoce el porcentaje

Escribe la respuesta correcta.

1. Los espectáculos de Broadway que más se han presentado son *Cats* y *A Chorus Line*. *A Chorus Line* hizo 6137 funciones, 82% de la cantidad que hizo *Cats*. ¿Cuántas funciones de *Cats* hubo?

   7484

2. *Titanic* y *La guerra de las galaxias* han sido las películas más taquilleras. La primera recaudó 76.7% de lo que recaudó Titanic. Si *La guerra de las galaxias* recaudó $461 millones, ¿cuánto recaudó *Titanic*? Redondea al millón de dólares más cercano.

   $601 millones

Usa la siguiente tabla. Redondea a la décima de porcentaje más cercana.

3. ¿Qué porcentaje de los estudiantes está entre pre-kinder y 8vo grado?

   71.2%

4. ¿Qué porcentaje de los estudiantes está entre 9no y 12do grado?

   28.8%

Inscripción en la escuela primaria y secundaria pública en 2001

Grados	Población (en miles)
De pre-kinder a 8vo grado	33,952
De 9no a 12do grado	13,736
Total	47,688

Elige la letra de la mejor respuesta.

5. En 2000, las mujeres ganaban 72.2% de lo que ganaban los hombres. Si una mujer ganaba $491, ¿cuánto ganaba un hombre? Redondea al dólar más cercano.

   A $355 **(C)** $680
   B $542 D $725

6. La mayor elevación de Norteamérica es el monte McKinley, de 20,320 pies. La de Australia es el monte Kosciusko, con 36% de la altura del McKinley. ¿Cuánto mide la mayor elevación de Australia? Redondea al pie más cercano.

   F 5480 pies H 12,825 pies
   (G) 7315 pies J 56,444 pies

7. El Golfo de México tiene una profundidad promedio de 4,874 pies. Esto es aproximadamente el 36.2% de la profundidad promedio del océano Pacífico. ¿Cuál es la profundidad promedio del océano Pacífico? Redondea al pie más cercano.

   A 1764 pies C 10,280 pies
   B 5843 pies **(D)** 13,464 pies

8. Karl Malone es el máximo anotador de tiros libres de la historia de la NBA. Realizó 11,703 tiros y anotó 8,636. ¿Qué porcentaje anotó? Redondea a la décima de porcentaje más cercana.

   F 1.4% **(H)** 73.8%
   G 58.6% J 135.6%

LESSON 6-5 Problem Solving
Percent Increase and Decrease

Use the table below. Write the correct answer.

1. What is the percent increase in the population of Las Vegas, NV from 1990 to 2000? Round to the nearest tenth of a percent.

   83.3%

2. What is the percent increase in the population of Naples, FL from 1990 to 2000? Round to the nearest tenth of a percent.

   65.3%

Fastest Growing Metropolitan Areas, 1990–2000

Metropolitan Area	Population 1990	Population 2000	Percent Increase
Las Vegas, NV	852,737	1,563,282	
Naples, FL	152,099	251,377	
Yuma, AZ	106,895		49.7%
McAllen-Edinburg-Mission, TX	383,545		48.5%

3. What was the 2000 population of Yuma, AZ to the nearest whole number?

   160,022

4. What was the 2000 population of McAllen-Edinburg-Mission, TX metropolitan area to the nearest whole number?

   569,564

For exercises 5–7, round to the nearest tenth. Choose the letter for the best answer.

5. The amount of money spent on automotive advertising in 2000 was 4.4% lower than in 1999. If the 1999 spending was $1812.3 million, what was the 2000 spending?

   A $79.7 million C $1892 million
   (B) $1732.6 million D $1923.5 million

6. In 1967, a 30-second Super Bowl commercial cost $42,000. In 2000, a 30-second commercial cost $1,900,000. What was the percent increase in the cost?

   F 1.7% H 442.4%
   G 44.2% **(J)** 4423.8%

7. In 1896 Thomas Burke of the U.S. won the 100-meter dash at the Summer Olympics with a time of 12.00 seconds. In 2004, Justin Gatlin of the U.S. won with a time of 9.85 seconds. What was the percent decrease in the winning time?

   A 2.15% C 21.8%
   (B) 17.9% D 45.1%

8. In 1928 Elizabeth Robinson won the 100-meter dash with a time of 12.20 seconds. In 2004, Yuliya Nesterenko won with a time that was about 10.4% less than Robinson's winning time. What was Nesterenko's time, rounded to the nearest hundredth?

   F 9.83 seconds H 12.16 seconds
   (G) 10.93 seconds J 13.47 seconds

LECCIÓN 6-5 Resolución de problemas
Porcentaje de incremento y disminución

Usa la siguiente tabla. Escribe la respuesta correcta.

1. ¿Cuál es el porcentaje de incremento de la población de Las Vegas entre 1990 y 2000? Redondea a la décima de porcentaje más cercana.

   83.3%

2. ¿Cuál es el porcentaje de incremento de la población de Naples entre 1990 y 2000? Redondea a la décima de porcentaje más cercana.

   65.3%

Áreas metropolitanas de mayor crecimiento entre 1990 y 2000

Área metropolitana	Población 1990	Población 2000	Porcentaje de incremento
Las Vegas, NV	852,737	1,563,282	
Naples, FL	152,099	251,377	
Yuma, AZ	106,895		49.7%
McAllen-Edinburg-Mission, TX	383,545		48.5%

3. ¿Cuál era la población de Yuma en 2000, al número cabal más cercano?

   160,022

4. ¿Cuál era la población del área metropolitana de McAllen-Edinburg-Mission en 2000, al número cabal más cercano?

   569,564

Para los Ejercicios 5 al 7, redondea a la décima más cercana. Elige la letra de la mejor respuesta.

5. La cantidad de dinero que se gastó en publicidad de autos en 2000 fue 4.4% menor que en 1999. Si el gasto de 1999 fue $1812.3 millones, ¿cuál fue el gasto de 2000?

   A $79.7 millones C $1892 millones
   (B) $1732.6 millones D $1923.5 millones

6. En 1967, un comercial de 30 segundos durante el Super Bowl costaba $42,000. En 2000, costaba $1,900,000. ¿Cuál es el porcentaje de incremento del costo?

   F 1.7% H 442.4%
   G 44.2% **(J)** 4423.8%

7. En los Juegos Olímpicos de Verano de 1896, Thomas Burke ganó los 100 metros planos con un tiempo de 12.00 segundos. En 2004, Justin Gatlin ganó con 9.85 segundos. ¿Cuál fue el porcentaje de disminución del tiempo ganador?

   A 2.15% C 21.8%
   (B) 17.9% D 45.1%

8. En 1928, Elizabeth Robinson ganó los 100 metros planos con un tiempo de 12.20 segundos. En 2004, Yuliya Nesterenko ganó con un tiempo aproximadamente 10.4% menor que el de Robinson. ¿Cuál fue el tiempo de Nesterenko, redondeado a la centésima más cercana?

   F 9.83 s H 12.16 s
   (G) 10.93 s J 13.47 s

LESSON 6-6

Problem Solving

Applications of Percents

Write the correct answer.

1. The sales tax rate for a community is 6.75%. If you purchase an item for $500, how much will you pay in sales tax?

   $33.75

2. A community is considering increasing the sales tax rate 0.5% to fund a new sports arena. If the tax rate is raised, how much more will you pay in sales tax on $500?

   $2.50

3. Trent earned $28,500 last year. He paid $8,265 for rent. What percent of his earnings did Trent pay for rent?

   29%

4. Julie has been offered two jobs. The first pays $400 per week. The second job pays $175 per week plus 15% commission on her sales. How much will she have to sell in order for the second job to pay as much as the first?

   $1500

Choose the letter for the best answer. Round to the nearest cent.

5. Clay earned $2,600 last month. He paid $234 for entertainment. What percent of his earnings did Clay pay in entertainment expenses?
   - (A) 9%
   - B 11%
   - C 30%
   - D 90%

6. Susan's parents have offered to help her pay for a new computer. They will pay 30% and Susan will pay 70% of the cost of a new computer. Susan has saved $550 for a new computer. With her parents help, how expensive of a computer can she afford?
   - F $165.00
   - H $1650.00
   - (G) $785.71
   - J $1833.33

7. Kellen's bill at a restaurant before tax and tip is $22.00. If tax is 5.25% and he wants to leave 15% of the bill including the tax for a tip, how much will he spend in total?
   - A $22.17
   - (C) $26.63
   - B $26.46
   - D $27.82

8. The 8th grade class is trying to raise money for a field trip. They need to raise $600 and the fundraiser they have chosen will give them 20% of the amount that they sell. How much do they need to sell to raise the money for the field trip?
   - F $120.00
   - (H) $3000.00
   - G $857.14
   - J $3200.00

LECCIÓN 6-6

Resolución de problemas

Aplicaciones de porcentajes

Escribe la respuesta correcta.

1. La tasa del impuesto sobre la venta en una comunidad es 6.75%. Si compras un artículo a $500, ¿cuánto pagarás de impuesto sobre la venta?

   $33.75

2. Si una comunidad aumenta 0.5% la tasa del impuesto sobre la venta para financiar un nuevo estadio deportivo, ¿cuánto más pagarás de impuesto sobre la venta por un total de $500?

   $2.50

3. Trent ganó $28,500 el año pasado. Pagó $8,265 de alquiler. ¿Qué porcentaje de sus ganancias gastó en alquiler?

   29%

4. Julie tiene dos empleos. En el primero gana $400 por semana. En el segundo, $175 más 15% de comisión por las ventas. ¿Cuánto tendrá que vender para ganar en el segundo empleo lo mismo que en el primero?

   $1500

Elige la letra de la mejor respuesta. Redondea al centavo más cercano.

5. El mes pasado, Clay ganó $2,600. Gastó $234 en entretenimiento. ¿Qué porcentaje de sus ganancias gastó en entretenimiento?
   - (A) 9%
   - B 11%
   - C 30%
   - D 90%

6. Los padres de Susan se ofrecieron a ayudarla a comprar una computadora nueva. Pagarán el 30% y Susan el 70% del costo. Susan tiene ahorrados $550. Con la ayuda de sus padres, ¿qué precio máximo puede pagar por la computadora?
   - F $165.00
   - H $1650.00
   - (G) $785.71
   - J $1833.33

7. La cuenta de Kellen en un restaurante sin contar los impuestos y la propina es $22.00. Si el impuesto es 5.25% y quiere dejar 15% de propina, incluyendo el impuesto, ¿cuánto gastará en total?
   - A $22.17
   - (C) $26.63
   - B $26.46
   - D $27.82

8. La clase de 8vo grado está juntando dinero para una excursión. Necesitan $600 y conservarán el 20% de las ventas del evento que hagan para recaudarlos. ¿Cuánto necesitan vender?
   - F $120.00
   - (H) $3000.00
   - G $857.14
   - J $3200.00

LESSON 6-7

Problem Solving

Simple Interest

Write the correct answer.

1. Joanna's parents agree to loan her the money for a car. They will loan her $5,000 for 5 years at 5% simple interest. How much will Joanna pay in interest to her parents?

   $1250

2. How much money will Joanna have spent in total on her car with the loan described in exercise 1?

   $6250

3. A bank offers simple interest on a certificate of deposit. Jaime invests $500 and after one year earns $40 in interest. What was the interest rate on the certificate of deposit?

   8%

4. How long will Howard have to leave $5000 in the bank to earn $250 in simple interest at 2%?

   2.5 years

Jan and Stewart Jones plan to borrow $20,000 for a new car. They are trying to decide whether to take out a 4-year or 5-year simple interest loan. The 4-year loan has an interest rate of 6% and the 5-year loan has an interest rate of 6.25%. Choose the letter for the best answer.

5. How much will they pay in interest on the 4-year loan?
   - A $4500
   - C $5000
   - (B) $4800
   - D $5200

6. How much will they repay with the 4-year loan?
   - F $24,500
   - H $25,000
   - (G) $24,800
   - J $25,200

7. How much will they pay in interest on the 5-year loan?
   - A $5000
   - (C) $6250
   - B $6000
   - D $6500

8. How much will they repay with the 5-year loan?
   - F $25,000
   - (H) $26,250
   - G $26,000
   - J $26,500

9. How much more interest will they pay with the 5-year loan?
   - A $1000
   - (B) $1450
   - C $1500
   - D $2000

10. If the Stewarts can get a 5-year loan with 5.75% simple interest, which of the loans is the best deal?
    - (F) 4 year, 6%
    - G 5 year, 5.75%
    - H 5 year, 6.25%
    - J Cannot be determined

LECCIÓN 6-7

Resolución de problemas

Interés simple

Escribe la respuesta correcta.

1. Los padres de Joanna deciden prestarle el dinero para comprar un automóvil. Le van a prestar $5,000 a 5 años, con un interés simple del 5%. ¿Cuánto les pagará de interés Joanna a sus padres?

   $1250

2. ¿Cuánto dinero va a haber gastado Joanna en total por su automóvil con el préstamo que se describe en el Ejercicio 1?

   $6250

3. Un banco ofrece interés simple sobre un certificado de depósito. Jaime invierte $500 y después de un año gana $40 por los intereses. ¿Cuál era la tasa de interés del certificado de depósito?

   8%

4. ¿Cuánto tiempo deberá dejar Howard $5000 en el banco para ganar $250 con un interés simple del 2%?

   2.5 años

Jan y Stewart Jones piensan pedir un préstamo de $20,000 para comprar un automóvil nuevo. Están tratando de decidir si sacar un préstamo con interés simple a 4 años o a 5 años. El préstamo a 4 años tiene una tasa de interés de 6% y el préstamo a 5 años tiene una tasa de interés de 6.25%. Elige la letra de la mejor respuesta.

5. ¿Cuánto pagarán de interés por el préstamo a 4 años?
   - A $4500
   - C $5000
   - (B) $4800
   - D $5200

6. ¿Cuánto dinero deberán devolver en total por el préstamo a 4 años?
   - F $24,500
   - H $25,000
   - (G) $24,800
   - J $25,200

7. ¿Cuánto pagarán de interés por el préstamo a 5 años?
   - A $5000
   - (C) $6250
   - B $6000
   - D $6500

8. ¿Cuánto dinero deberán devolver en total por el préstamo a 5 años?
   - F $25,000
   - (H) $26,250
   - G $26,000
   - J $26,500

9. ¿Cuánto más tendrán que pagar de interés por el préstamo a 5 años?
   - A $1000
   - (B) $1450
   - C $1500
   - D $2000

10. Si la familia Stewart puede obtener un préstamo a 5 años con un interés simple de 5.75%, ¿cuál es el préstamo más conveniente?
    - (F) a 4 años, 6%
    - G a 5 años, 5.75%
    - H a 5 años, 6.25%
    - J No se puede determinar.

LESSON 7-1

Problem Solving

Points, Lines, Planes, and Angles

Use the flag of the Bahamas to solve the problems.

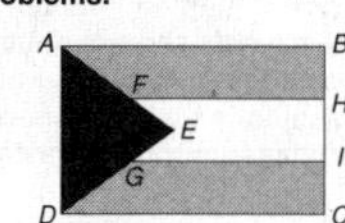

1. Name four points in the flag.

   Possible answers: A, B, C, D

2. Name four segments in the flag.

   Possible answers: $\overline{AB}, \overline{BH}, \overline{HI}, \overline{IC}$

3. Name a right angle in the flag.

   Possible answer: $\angle DAB$

4. Name two acute angles in the flag.

   Possible answers: $\angle AED, \angle DAE$

5. Name a pair of complementary angles in the flag.

   Possible answer: $\angle DAE, \angle EAB$

6. Name a pair of supplementary angles in the flag.

   Possible answer: $\angle DGI, \angle IGE$

The diagram illustrates a ray of light being reflected off a mirror. The angle of incidence is congruent to the angle of reflection. Choose the letter for the best answer.

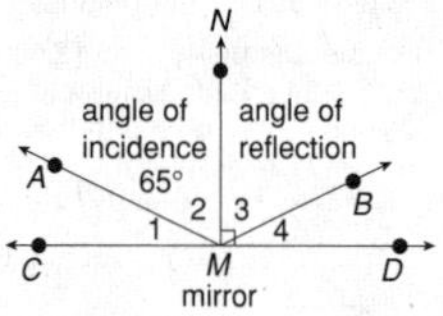

7. Name two rays in the diagram.
   - A $\overrightarrow{AM}, \overrightarrow{MB}$
   - (C) $\overrightarrow{MA}, \overrightarrow{MB}$
   - B $\overrightarrow{MA}, \overrightarrow{BM}$
   - D $\overleftrightarrow{MA}, \overleftrightarrow{MB}$

8. Name a pair of complementary angles.
   - (F) $\angle NMB, \angle BMD$
   - H $\angle CMA, \angle AMD$
   - G $\angle AMN, \angle NMB$
   - J $\angle CMA, \angle DMB$

9. Which angle is congruent to $\angle 2$?
   - A $\angle 1$
   - (C) $\angle 3$
   - B $\angle 4$
   - D none

10. Find the measure of $\angle 4$.
    - F 65°
    - (H) 25°
    - G 35°
    - J 90°

11. Find the measure of $\angle 1$.
    - A 65°
    - (C) 25°
    - B 35°
    - D 90°

12. Find the measure of $\angle 3$.
    - F 90°
    - H 35°
    - G 45°
    - (J) 65°

LECCIÓN 7-1

Resolución de problemas

Puntos, líneas, planos y ángulos

Usa la bandera de las Bahamas para resolver los problemas.

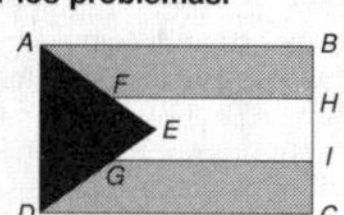

1. Menciona cuatro puntos de la bandera.

   Respuestas posibles: A, B, C, D

2. Menciona cuatro segmentos de la bandera.

   Respuestas posibles: $\overline{AB}, \overline{BH}, \overline{HI}, \overline{IC}$

3. Menciona un ángulo recto de la bandera.

   Respuesta posible: $\angle DAB$

4. Menciona dos ángulos agudos de la bandera.

   Respuestas posibles: $\angle AED, \angle DAE$

5. Menciona un par de ángulos complementarios de la bandera.

   Respuesta posible: $\angle DAE, \angle EAB$

6. Menciona un par de ángulos suplementarios de la bandera.

   Respuesta posible: $\angle DGI, \angle IGE$

En el diagrama se ilustra la reflexión de un rayo de luz en un espejo. El ángulo de incidencia es congruente con el ángulo de reflexión. Elige la letra de la mejor respuesta.

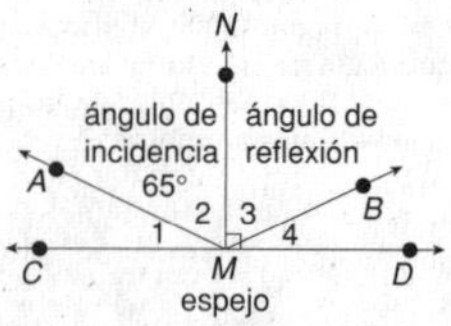

7. Menciona dos rayos del diagrama.
   - A $\overrightarrow{AM}, \overrightarrow{MB}$
   - (C) $\overrightarrow{MA}, \overrightarrow{MB}$
   - B $\overrightarrow{MA}, \overrightarrow{BM}$
   - D $\overleftrightarrow{MA}, \overleftrightarrow{MB}$

8. Menciona un par de ángulos complementarios.
   - (F) $\angle NMB, \angle BMD$
   - H $\angle CMA, \angle AMD$
   - G $\angle AMN, \angle NMB$
   - J $\angle CMA, \angle DMB$

9. ¿Qué ángulo es congruente con $\angle 2$?
   - A $\angle 1$
   - (C) $\angle 3$
   - B $\angle 4$
   - D ninguno

10. Halla la medida de $\angle 4$.
    - F 65°
    - (H) 25°
    - G 35°
    - J 90°

11. Halla la medida de $\angle 1$.
    - A 65°
    - (C) 25°
    - B 35°
    - D 90°

12. Halla la medida de $\angle 3$.
    - F 90°
    - H 35°
    - G 45°
    - (J) 65°

LESSON 7-2

Problem Solving

Parallel and Perpendicular Lines

The figure shows the layout of parking spaces in a parking lot. $\overline{AB} \parallel \overline{CD} \parallel \overline{EF}$

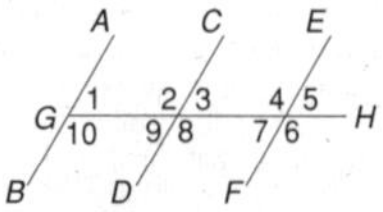

1. Name all angles congruent to $\angle 1$.

   $\angle 3, \angle 5, \angle 7, \angle 9$

2. Name all angles congruent to $\angle 2$.

   $\angle 4, \angle 6, \angle 8, \angle 10$

3. Name a pair of supplementary angles.

   Possible answer: $\angle 1, \angle 2$

4. If $m\angle 1 = 75°$, find the measures of the other angles.

   $m\angle 3 = m\angle 5 = m\angle 7 = m\angle 9 = 75°$, $m\angle 2 = m\angle 4 = m\angle 6 = m\angle 8 = m\angle 10 = 105°$

5. Name a pair of vertical angles.

   Possible answer: $\angle 2, \angle 8$

6. If $m\angle 1 = 90°$, then $\overline{GH}$ is perpendicular to

   Possible answers: $\overline{AB}, \overline{CD}, \overline{EF}$

The figure shows a board that will be cut along parallel segments GB and CF. $\overline{AD} \parallel \overline{HE}$. Choose the letter for the best answer.

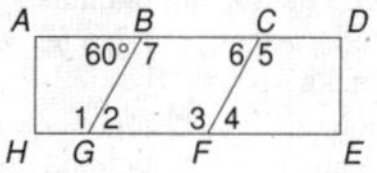

7. Find the measure of $\angle 1$.
   - A 45°
   - C 60°
   - (B) 120°
   - D 90°

8. Find the measure of $\angle 2$.
   - F 30°
   - (H) 60°
   - G 120°
   - J 90°

9. Find the measure of $\angle 3$.
   - A 30°
   - C 60°
   - (B) 120°
   - D 90°

10. Find the measure of $\angle 4$.
    - F 45°
    - (H) 60°
    - G 120°
    - J 90°

11. Find the measure of $\angle 5$.
    - A 30°
    - C 60°
    - (B) 120°
    - D 90°

12. Find the measure of $\angle 6$.
    - F 30°
    - (H) 60°
    - G 120°
    - J 90°

13. Find the measure of $\angle 7$.
    - A 45°
    - C 60°
    - (B) 120°
    - D 90°

LECCIÓN 7-2

Resolución de problemas

Líneas paralelas y perpendiculares

En la figura se muestra la distribución de los lugares para estacionar en un estacionamiento. $\overline{AB} \parallel \overline{CD} \parallel \overline{EF}$

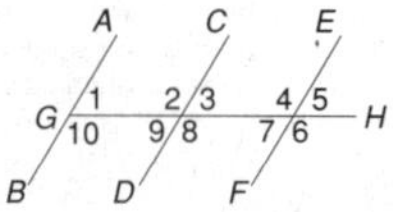

1. Menciona todos los ángulos congruentes con $\angle 1$.

   $\angle 3, \angle 5, \angle 7, \angle 9$

2. Menciona todos los ángulos congruentes con $\angle 2$.

   $\angle 4, \angle 6, \angle 8, \angle 10$

3. Menciona un par de ángulos suplementarios.

   Respuesta posible: $\angle 1, \angle 2$

4. Si $m\angle 1 = 75°$, halla las medidas de los otros ángulos.

   $m\angle 3 = m\angle 5 = m\angle 7 = m\angle 9 = 75°$, $m\angle 2 = m\angle 4 = m\angle 6 = m\angle 8 = m\angle 10 = 105°$

5. Menciona un par de ángulos opuestos por el vértice.

   Respuesta posible: $\angle 2, \angle 8$

6. Si $m\angle 1 = 90°$, entonces $\overline{GH}$ es perpendicular a

   Respuestas posibles: $\overline{AB}, \overline{CD}, \overline{EF}$

En la figura se muestra un pizarrón que se va a cortar por los segmentos paralelos GB y CF. $\overline{AD} \parallel \overline{HE}$. Elige la letra de la mejor respuesta.

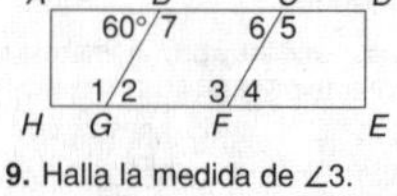

7. Halla la medida de $\angle 1$.
   - A 45°
   - C 60°
   - (B) 120°
   - D 90°

8. Halla la medida de $\angle 2$.
   - F 30°
   - (H) 60°
   - G 120°
   - J 90°

9. Halla la medida de $\angle 3$.
   - A 30°
   - C 60°
   - (B) 120°
   - D 90°

10. Halla la medida de $\angle 4$.
    - F 45°
    - (H) 60°
    - G 120°
    - J 90°

11. Halla la medida de $\angle 5$.
    - A 30°
    - C 60°
    - (B) 120°
    - D 90°

12. Halla la medida de $\angle 6$.
    - F 30°
    - (H) 60°
    - G 120°
    - J 90°

13. Halla la medida de $\angle 7$.
    - A 45°
    - C 60°
    - (B) 120°
    - D 90°

LESSON 7-3

Problem Solving

Angles in Triangles

The American flag must be folded according to certain rules that result in the flag being folded into the shape of a triangle. The figure shows a frame designed to hold an American flag.

1. Is the triangle acute, right, or obtuse?

   right

2. Is the triangle equilateral, isosceles, or scalene?

   isosceles

3. Find x°.

   $x = 45°$

4. Find y°.

   $y = 45°$

The figure shows a map of three streets. Choose the letter for the best answer.

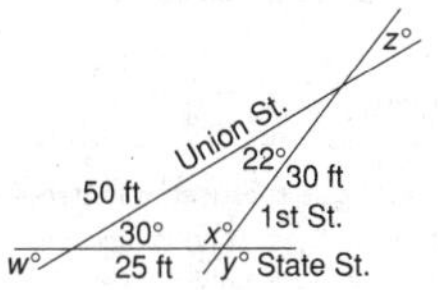

5. Find x°.
   A 22°
   (B) 128°
   C 30°
   D 68°

6. Find w°.
   F 22°
   G 128°
   (H) 30°
   J 52°

7. Find y°.
   A 22°
   B 30°
   (C) 128°
   D 143°

8. Find z°.
   (F) 22°
   G 30°
   H 128°
   J 143°

9. Which word best describes the triangle formed by the streets?
   A acute
   B right
   (C) obtuse
   D equilateral

10. Which word best describes the triangle formed by the streets?
    F equilateral
    G isosceles
    (H) scalene
    J acute

LECCIÓN 7-3

Resolución de problemas

Ángulos en triángulos

La bandera estadounidense se debe doblar de acuerdo con ciertas reglas que hacen que, una vez doblada, la bandera quede con la forma de un triángulo. En la figura se muestra un marco diseñado para guardar una bandera de Estados Unidos.

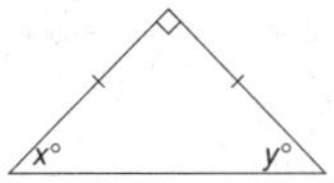

1. El triángulo, ¿es acutángulo, rectángulo u obtusángulo?

   rectángulo

2. El triángulo ¿es equilátero, isósceles o escaleno?

   isósceles

3. Halla x°.

   $x = 45°$

4. Halla y°.

   $y = 45°$

En la figura se muestra un mapa de tres calles. Elige la letra de la mejor respuesta.

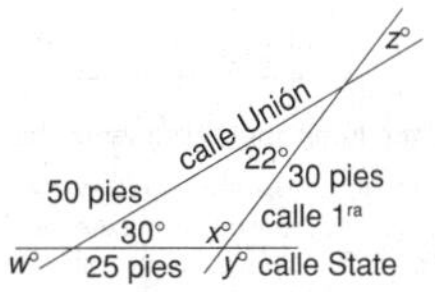

5. Halla x°.
   A 22°
   (B) 128°
   C 30°
   D 68°

6. Halla w°.
   F 22°
   G 128°
   (H) 30°
   J 52°

7. Halla y°.
   A 22°
   B 30°
   (C) 128°
   D 143°

8. Halla z°.
   (F) 22°
   G 30°
   H 128°
   J 143°

9. ¿Qué palabra describe mejor el triángulo que forman las calles?
   A acutángulo
   B rectángulo
   (C) obtusángulo
   D equilátero

10. ¿Qué palabra describe mejor el triángulo que forman las calles?
    F equilátero
    G isósceles
    (H) escaleno
    J acutángulo

LESSON 7-4

Problem Solving

Classifying Polygons

The figure shows how the glass for a window will be cut from a square piece. Cuts will be made along $\overline{CE}$, $\overline{FH}$, $\overline{IK}$, and $\overline{LB}$.

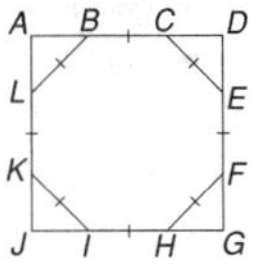

1. What shape is the window?

   octagon

2. What is the sum of the angle measures of the window?

   1080°

3. What is the measure of each angle of the window?

   135°

4. Based on the angles, what kind of triangle is △*CDE*?

   right triangle

5. Based on the sides, what kind of triangle is △*CDE*?

   isosceles triangle

The figure shows how parallel cuts will be made along $\overline{AD}$ and $\overline{BC}$. $\overline{AB}$ and $\overline{CD}$ are parallel. Choose the letter for the best answer.

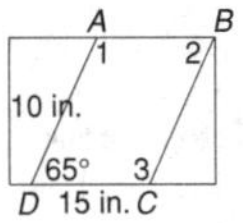

6. Which word correctly describes figure *ABCD* after the cuts are made?
   A triangle
   (B) quadrilateral
   C pentagon
   D hexagon

7. Which word correctly describes figure *ABCD* after the cuts are made?
   (F) parallelogram
   G trapezoid
   H rectangle
   J rhombus

8. Find the measure of ∠1.
   A 45°
   B 65°
   C 90°
   (D) 115°

9. Find the measure of ∠2.
   F 45°
   G 90°
   (H) 65°
   J 115°

10. Find the measure of ∠3.
    A 45°
    B 90°
    C 65°
    (D) 115°

LECCIÓN 7-4

Resolución de problemas

Cómo clasificar polígonos

En la figura se muestra cómo se cortará el vidrio para una ventana a partir de una pieza cuadrada. Los cortes se realizarán a lo largo de $\overline{CE}$, $\overline{FH}$, $\overline{IK}$ y $\overline{LB}$.

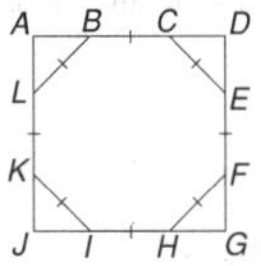

1. ¿Qué forma tiene la ventana?

   octágono

2. ¿Cuánto suman las medidas de los ángulos de la ventana?

   1080°

3. ¿Cuánto mide cada ángulo de la ventana?

   135°

4. De acuerdo con los ángulos, ¿qué tipo de triángulo es △*CDE*?

   triángulo rectángulo

5. De acuerdo con los lados, ¿qué tipo de triángulo es △*CDE*?

   triángulo isósceles

En la figura se muestra cómo se realizarán cortes paralelos a lo largo de $\overline{AD}$ y $\overline{BC}$. $\overline{AB}$ y $\overline{CD}$ son paralelos. Elige la letra de la mejor respuesta.

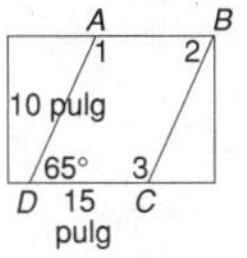

6. ¿Qué palabra describe correctamente la figura *ABCD* después de que se realizan los cortes?
   A triángulo
   (B) cuadrilátero
   C pentágono
   D hexágono

7. ¿Qué palabra describe correctamente la figura *ABCD* después de que se realizan los cortes?
   (F) paralelogramo
   G trapecio
   H rectángulo
   J rombo

8. Halla la medida de ∠1.
   A 45°
   B 65°
   C 90°
   (D) 115°

9. Halla la medida de ∠2.
   F 45°
   G 90°
   (H) 65°
   J 115°

10. Halla la medida de ∠3.
    A 45°
    B 90°
    C 65°
    (D) 115°

LESSON 7-5
Problem Solving
Coordinate Geometry

The Uniform Federal Accessibility Standards describes the standards for making buildings accessible for the handicapped. The standards say that the least possible slope should be used for a ramp and that the maximum slope of a ramp should be $\frac{1}{12}$.

1. What is the slope of the pictured ramp? Does the ramp meet the standard?

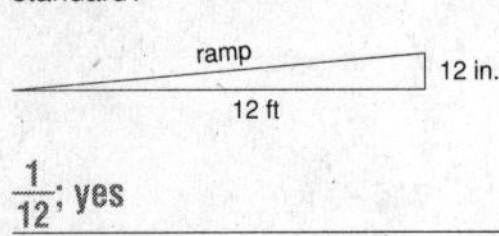

$\frac{1}{12}$; yes

2. What is the slope of the pictured ramp? Does the ramp meet the standard?

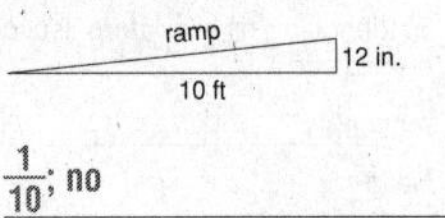

$\frac{1}{10}$; no

Write the correct answer.

3. Find the slope of the roof.

Slope $= \frac{2}{3}$ or $-\frac{2}{3}$

Choose the letter that represents the slope.

4. Many building codes require that a staircase be built with a maximum rise of 8.25 inches for a minimum tread width (run) of 9 inches.

A $\frac{8}{9}$ C $\frac{9}{8.25}$
(B) $\frac{11}{12}$ D $\frac{12}{11}$

5. Hills that have a rise of about 10 feet for every 17 feet horizontally are too steep for most cars.

(F) $\frac{10}{17}$ H $\frac{17}{10}$
G $\frac{2}{5}$ J $\frac{3}{5}$

6. At its steepest part, an intermediate ski run has a rise of about 4 feet for 10 feet horizontally.

(A) $\frac{2}{5}$ C $\frac{5}{2}$
B $\frac{4}{5}$ D $\frac{5}{4}$

7. Black diamond, or expert, ski slopes often have a rise of 10 feet for every 14 feet horizontally.

F $\frac{7}{5}$ **(H)** $\frac{5}{7}$
G $\frac{2}{7}$ J $\frac{7}{2}$

LECCIÓN 7-5
Resolución de problemas
Geometría de coordenadas

En las Normas Uniformes Federales de Accesibilidad se describen las pautas que hay que cumplir para que los edificios sean de fácil acceso para las personas con discapacidades. Según dichas normas, las rampas deben tener la menor pendiente posible y la pendiente máxima de una rampa debe ser $\frac{1}{12}$.

1. ¿Cuál es la pendiente de la rampa que se muestra en el dibujo? La rampa, ¿cumple con las normas?

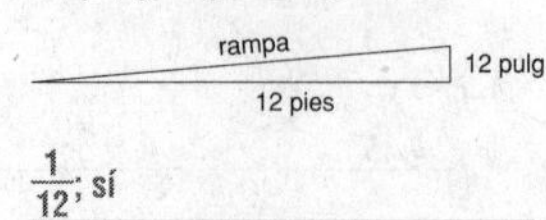

$\frac{1}{12}$; sí

2. ¿Cuál es la pendiente de la rampa que se muestra en el dibujo? La rampa, ¿cumple con las normas?

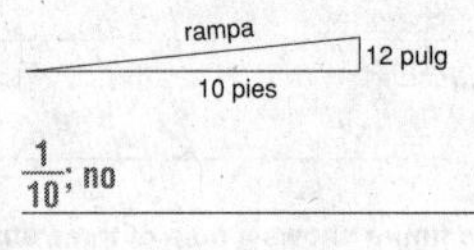

$\frac{1}{10}$; no

Escribe la respuesta correcta.

3. Halla la pendiente del techo.

Pendiente $= \frac{2}{3}$ ó $-\frac{2}{3}$

Elige la letra que represente la pendiente.

4. Muchos códigos de construcción exigen que las escaleras se construyan con una altura máxima de peldaño de 8.25 pulgadas para un ancho de peldaño (huella) mínimo de 9 pulgadas.

A $\frac{8}{9}$ C $\frac{9}{8.25}$
(B) $\frac{11}{12}$ D $\frac{12}{11}$

5. Las cuestas que tienen una distancia vertical de aproximadamente 10 pies por cada 17 pies horizontales son demasiado empinadas para la mayoría de los automóviles.

(F) $\frac{10}{17}$ H $\frac{17}{10}$
G $\frac{2}{5}$ J $\frac{3}{5}$

6. En su parte más pronunciada, una pista de esquí intermedia tiene una distancia vertical de aproximadamente 4 pies por cada 10 pies horizontales.

(A) $\frac{2}{5}$ C $\frac{5}{2}$
B $\frac{4}{5}$ D $\frac{5}{4}$

7. Las pendientes de esquí de diamante negro, o para expertos, suelen tener una distancia vertical de 10 pies por cada 14 pies horizontales.

F $\frac{7}{5}$ **(H)** $\frac{5}{7}$
G $\frac{2}{7}$ J $\frac{7}{2}$

LESSON 7-6
Problem Solving
Congruence

Use the American patchwork quilt block design called Carnival to answer the questions. Triangle *AIH* ≅ Triangle *AIB*, Triangle *ACJ* ≅ Triangle *AGJ*, Triangle *GFJ* ≅ Triangle *CDJ*.

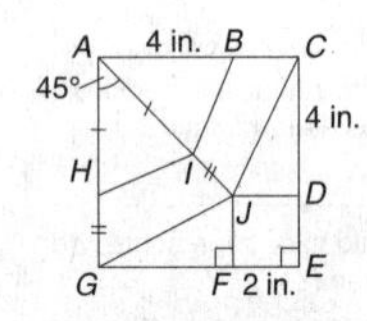

1. What is the measure of $\angle IAB$?

45°

2. What is the measure of $\overline{AH}$?

4 inches

3. What is the measure of $\overline{AG}$?

6 inches

4. What is the measure of $\angle JDC$?

90°

5. What is the measure of $\overline{FG}$?

4 inches

The sketch is part of a bridge. Trapezoid *ABEF* ≅ Trapezoid *DEBC*. Choose the letter for the best answer.

6. What is the measure of $\overline{DE}$?

A 4 feet
(B) 8 feet
C 16 feet
D Cannot be determined

7. What is the measure of $\overline{FE}$?

F 4 feet H 8 feet
(G) 16 feet J 24 feet

8. What is the measure of $\angle FAB$?

A 45° C 60°
B 90° **(D)** 120°

9. What is the measure of $\angle ABE$?

F 45° H 60°
G 90° **(J)** 120°

10. What is the measure of $\angle EBC$?

A 45° **(C)** 60°
B 90° D 120°

11. What is the measure of $\angle BED$?

F 45° H 60°
G 90° **(J)** 120°

12. What is the measure of $\angle BCD$?

A 45° **(C)** 60°
B 90° D 120°

LECCIÓN 7-6
Resolución de problemas
Congruencia

Usa el diseño del acolchado de retazos para responder a las preguntas. Triángulo *AIH* ≅ Triángulo *AIB*, Triángulo *ACJ* ≅ Triángulo *AGJ*, Triángulo *GFJ* ≅ Triángulo *CDJ*.

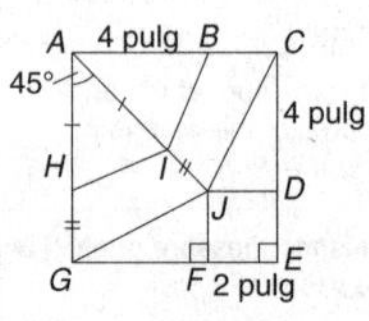

1. ¿Cuánto mide $\angle IAB$?

45°

2. ¿Cuánto mide $\overline{AH}$?

4 pulgadas

3. ¿Cuánto mide $\overline{AG}$?

6 pulgadas

4. ¿Cuánto mide $\angle JDC$?

90°

5. ¿Cuánto mide $\overline{FG}$?

4 pulgadas

El siguiente dibujo es parte de un puente. Trapecio *ABEF* ≅ trapecio *DEBC*. Elige la letra de la mejor respuesta.

6. ¿Cuánto mide $\overline{DE}$?

A 4 pies
(B) 8 pies
C 16 pies
D No se puede determinar.

7. ¿Cuánto mide $\overline{FE}$?

F 4 pies H 8 pies
(G) 16 pies J 24 pies

8. ¿Cuánto mide $\angle FAB$?

A 45° C 60°
B 90° **(D)** 120°

9. ¿Cuánto mide $\angle ABE$?

F 45° H 60°
G 90° **(J)** 120°

10. ¿Cuánto mide $\angle EBC$?

A 45° **(C)** 60°
B 90° D 120°

11. ¿Cuánto mide $\angle BED$?

F 45° H 60°
G 90° **(J)** 120°

12. ¿Cuánto mide $\angle BCD$?

A 45° **(C)** 60°
B 90° D 120°

LESSON 7-7

Problem Solving

Transformations

Parallelogram ABCD has vertices $A(-3, 1)$, $B(-2, 4)$, $C(3, 4)$, and $D(2, 1)$. Refer to the parallelogram to write the correct answer.

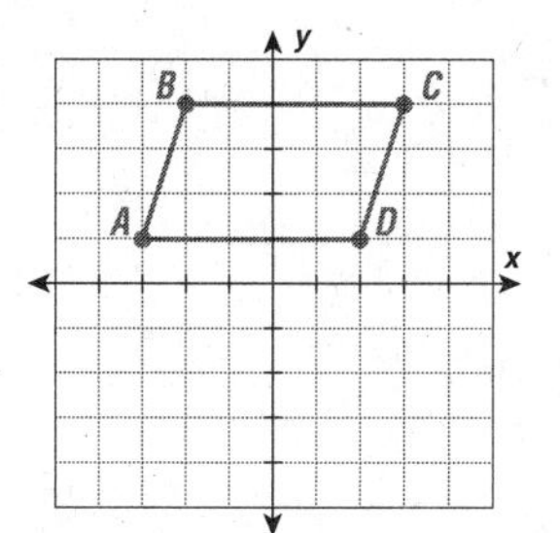

1. What are the coordinates of point A after a reflection across the x-axis?

(–3, –1)

2. What are the coordinates of point B after a reflection across the y-axis?

(2, 4)

3. What are the coordinates of point C after a translation 2 units down?

(3, 2)

4. What are the coordinates of point D after a 180° rotation around (0, 0)?

(–2, –1)

Identify each as a translation, rotation, reflection or none of these.

5. 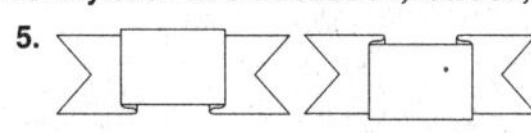

A translation Ⓒ rotation
B reflection D none of these

6. John ndol

F translation H rotation
Ⓖ reflection J none of these

7. 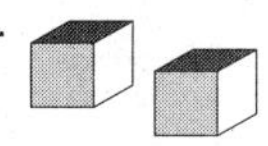

Ⓐ translation C rotation
B reflection D none of these

8.

F translation H rotation
G reflection Ⓙ none of these

LECCIÓN 7-7

Resolución de problemas

Transformaciones

El paralelogramo ABCD tiene los vértices $A(-3, 1)$, $B(-2, 4)$, $C(3, 4)$ y $D(2, 1)$. Consulta el paralelogramo para escribir la respuesta correcta.

1. ¿Cuáles son las coordenadas del punto A después de una reflexión sobre el eje *x*?

(–3, –1)

2. ¿Cuáles son las coordenadas del punto B después de una reflexión sobre el eje *y*?

(2, 4)

3. ¿Cuáles son las coordenadas del punto C después de una traslación de 2 unidades hacia abajo?

(3, 2)

4. ¿Cuáles son las coordenadas del punto D después de una rotación de 180° alrededor de (0, 0)?

(–2, –1)

Identifica cada caso como una traslación, una rotación, una reflexión o ninguna de las anteriores.

5. 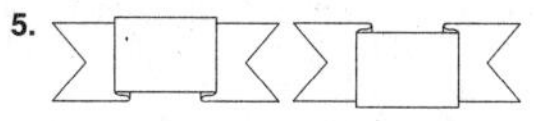

A traslación Ⓒ rotación
B reflexión D ninguna de las anteriores

6. John ndol

F traslación H rotación
Ⓖ reflexión J ninguna de las anteriores

7. 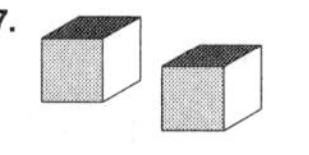

Ⓐ traslación C rotación
B reflexión D ninguna de las anteriores

8.

F traslación H rotación
G reflexión Ⓙ ninguna de las anteriores

LESSON 7-8

Problem Solving

Symmetry

Complete the figure. A dashed line is a line of symmetry and a point is a center of rotation.

1. 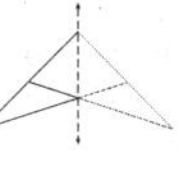

2. 

3. 2 fold symmetry

4. 4 fold symmetry

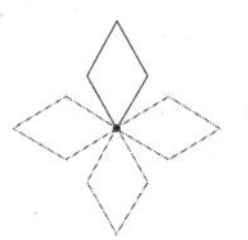

Use the flag of Switzerland to answer the questions.

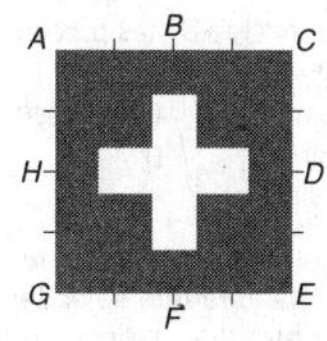

5. Which of the following would NOT be a line of symmetry?

A $\overline{HD}$ C $\overline{AE}$
B $\overline{BF}$ Ⓓ $\overline{HB}$

6. How many lines of symmetry does the flag have?

F 2 Ⓗ 4
G 6 J 8

7. How many folds of rotational symmetry does the flag have?

A 0 C 2
Ⓑ 4 D 8

8. Which lists all lines of symmetry of the flag?

F $\overline{AE}$, $\overline{GC}$
G $\overline{HD}$, $\overline{BF}$
Ⓗ $\overline{HD}$, $\overline{BF}$, $\overline{AE}$, $\overline{GC}$
J $\overline{HB}$, $\overline{DF}$, $\overline{AE}$, $\overline{GC}$

9. Which describes the center of rotation?

Ⓐ intersection of $\overline{BF}$ and $\overline{HD}$
B intersection of $\overline{AE}$ and $\overline{HB}$
C *A*
D There is no center of rotation

LECCIÓN 7-8

Resolución de problemas

Simetría

Completa la figura. Una línea discontinua es un eje de simetría y un punto es un centro de rotación.

1.

2. 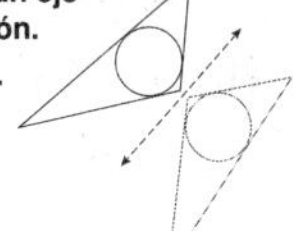

3. simetría de orden 2

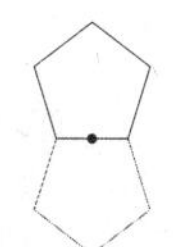

4. simetría de orden 4

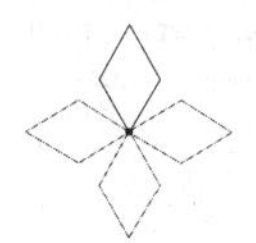

Usa la bandera de Suiza para responder a las preguntas.

5. ¿Qué opción NO sería un eje de simetría?

A $\overline{HD}$ C $\overline{AE}$
B $\overline{BF}$ Ⓓ $\overline{HB}$

6. ¿Cuántos ejes de simetría tiene la bandera?

F 2 Ⓗ 4
G 6 J 8

7. ¿Cuántos órdenes de simetría de rotación tiene la bandera?

A 0 C 2
Ⓑ 4 D 8

8. ¿Qué opción comprende todos los ejes de simetría de la bandera?

F $\overline{AE}$, $\overline{GC}$
G $\overline{HD}$, $\overline{BF}$
Ⓗ $\overline{HD}$, $\overline{BF}$, $\overline{AE}$, $\overline{GC}$
J $\overline{HB}$, $\overline{DF}$, $\overline{AE}$, $\overline{GC}$

9. ¿Qué opción describe el centro de rotación?

Ⓐ la intersección de $\overline{BF}$ y $\overline{HD}$
B la intersección de $\overline{AE}$ y $\overline{HB}$
C *A*
D No hay centro de rotación.

LESSON 7-9
Problem Solving
Tessellations

Create a tessellation using the given figure.

1. 2.

Choose the letter for the best answer.

3. Which figure will NOT make a tessellation?

A C

B (D)

4. Which nonregular polygon can always be used to tile a floor?
   F pentagon
   (G) triangle
   H octagon
   J hexagon

5. For a combination of regular polygons to tessellate, the angles that meet at each vertex must add to what?
   A 90°
   B 180°
   (C) 360°
   D 720°

LECCIÓN 7-9
Resolución de problemas
Teselados

Usa la figura dada para crear un teselado.

1. 2.

Elige la letra de la mejor respuesta.

3. ¿Qué figura NO formará un teselado?

A C

B (D)

4. ¿Qué polígono no regular se puede usar siempre para cubrir un piso?
   F pentágono
   (G) triángulo
   H octágono
   J hexágono

5. Para que una combinación de polígonos regulares pueda formar un teselado, ¿cuánto deben sumar los ángulos que se encuentran en cada vértice?
   A 90°
   B 180°
   (C) 360°
   D 720°

LESSON 8-1
Problem Solving
Perimeter and Area of Rectangles and Parallelograms

Use the following for Exercises 1–2. A quilt for a twin bed is 68 in. by 90 in.

1. What is the area of the backing applied to the quilt?

   6120 in^2

2. A ruffle is sewn to the edge of the quilt. How many feet of ruffle are needed to go all the way around the edge of the quilt?

   $26\frac{1}{3}$ ft

Use the following for Exercises 3–4. Jaime is building a rectangular dog run that is 12 ft by 8 ft.

3. If the run is cemented, how many square feet will be covered by cement?

   96 ft^2

4. How much fencing will be required to enclose the dog run?

   40 ft

Use the following for Exercises 5–6. Jackie is painting the walls in a room. Two walls are 12 ft by 8 ft, and two walls are 10 ft by 8 ft. Choose the letter for the best answer.

5. What is the area of the walls to be painted?
   (A) 352 ft^2 C 704 ft^2
   B 176 ft^2 D 400 ft^2

6. If a can of paint covers 300 square feet, how many cans of paint should Jackie buy?
   F 1 H 3
   (G) 2 J 4

Use the following for Exercises 7–8. One kind of pool cover is a tarp that stretches over the area of the pool and is tied down on the edge of the pool. The cover extends 6 inches beyond the edge of the pool. Choose the letter for the best answer.

7. A rectangular pool is 20 ft by 10 ft. What is the area of the tarp that will cover the pool?
   A 200 ft^2 C 60 ft^2
   (B) 231 ft^2 D 215.25 ft^2

8. If the tarp costs $2.50 per square foot, how much will the tarp cost?
   F $500.00 H $150.00
   G $538.13 (J) $577.50

LECCIÓN 8-1
Resolución de problemas
Perímetro y área de rectángulos y paralelogramos

Usa los siguientes datos para los Ejercicios 1 y 2. El acolchado de una cama gemela mide 68 pulg por 90 pulg.

1. ¿Cuál es el área de la cubierta del acolchado?

   6120 pulg^2

2. Se cosen volados en el borde del acolchado. ¿Cuántos pies de volados se necesitan para cubrir todo los lados del acolchado?

   $26\frac{1}{3}$ pies

Usa los siguientes datos para los Ejercicios 3 y 4. Jaime está construyendo un corral rectangular para perros que mide 12 pies por 8 pies.

3. Si se coloca un piso de cemento en el corral, ¿cuántos pies cuadrados se cubrirán con cemento?

   96 pies^2

4. ¿Cuántos pies de cerca se necesitarán para cercar el corral para perros?

   40 pies

Usa los siguientes datos para los Ejercicios 5 y 6. Jackie está pintando las paredes de una habitación. Dos paredes miden 12 pies por 8 pies y las otras dos paredes miden 10 pies por 8 pies. Elige la letra de la mejor respuesta.

5. ¿Cuál es el área de las paredes que se pintarán?
   (A) 352 pies^2 C 704 pies^2
   B 176 pies^2 D 400 pies^2

6. Si con una lata de pintura se cubren 300 pies cuadrados, ¿cuántas latas de pintura debería comprar Jackie?
   F 1 H 3
   (G) 2 J 4

Usa los siguientes datos para los Ejercicios 7 y 8. La cubierta de una alberca es una lona que se extiende sobre el área de la alberca y se ata al borde. La cubierta se extiende 6 pulgadas más allá del borde de la alberca. Elige la letra de la mejor respuesta.

7. Una alberca rectangular mide 20 pies por 10 pies. ¿Cuál es el área de la lona que cubrirá la alberca?
   A 200 pies^2 C 60 pies^2
   (B) 231 pies^2 D 215.25 pies^2

8. Si la lona cuesta $2.50 por pie cuadrado, ¿cuánto costará la lona?
   F $500.00 H $150.00
   G $538.13 (J) $577.50

LESSON **8-2**

Problem Solving

Perimeter and Area of Triangles and Trapezoids

Write the correct answer.

1. Find the area of the material required to cover the kite pictured below.

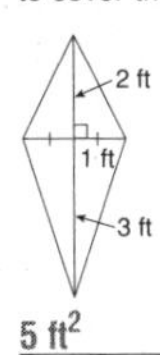

5 ft^2

2. Find the area of the material required to cover the kite pictured below.

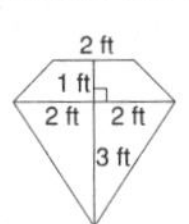

9 ft^2

3. Find the approximate area of the state of Nevada.

109,275 mi^2

4. Find the area of the hexagonal gazebo floor.

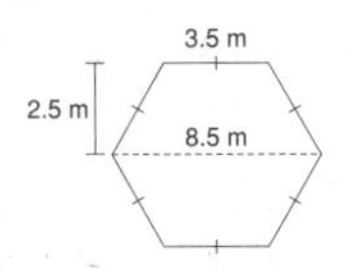

30 m^2

Choose the letter for the best answer.

5. Find the amount of flooring needed to cover the stage pictured below.

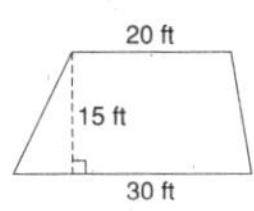

A 4500 ft^2
B 750 ft^2
C 525 ft^2
(D) 375 ft^2

6. Find the combined area of the congruent triangular gables.

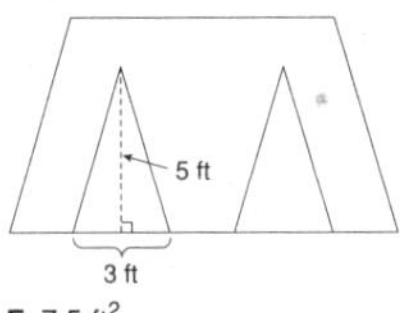

F 7.5 ft^2
(G) 15 ft^2
J 60 ft^2
H 30 ft^2

LECCIÓN **8-2**

Resolución de problemas

Perímetro y área de triángulos y trapecios

Escribe la respuesta correcta.

1. Halla el área del material que se necesita para cubrir la siguiente cometa.

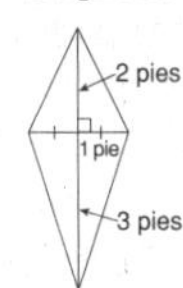

5 pies^2

2. Halla el área del material que se necesita para cubrir la siguiente cometa.

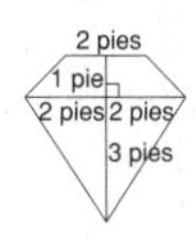

9 pies^2

3. Halla el área aproximada del estado de Nevada.

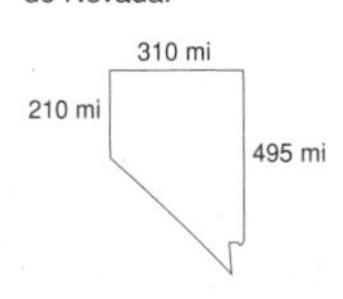

109,275 mi^2

4. Halla el área del piso hexagonal de la glorieta.

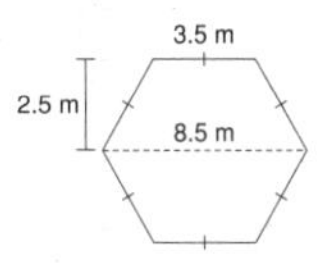

30 m^2

Elige la letra de la mejor respuesta.

5. Halla la cantidad de madera necesaria para cubrir el piso del escenario que se muestra a continuación.

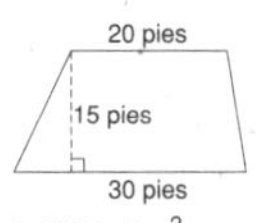

A 4500 pies^2
B 750 pies^2
C 525 pies^2
(D) 375 pies^2

6. Halla el área combinada de los gabletes triangulares congruentes.

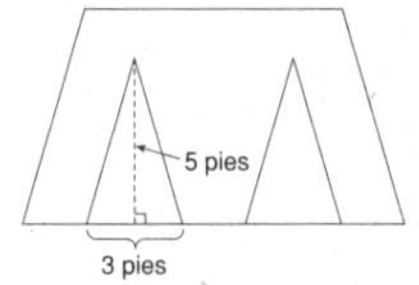

F 7.5 pies^2
(G) 15 pies^2
J 60 pies^2
H 30 pies^2

LESSON **8-3**

Problem Solving

Circles

Round to the nearest tenth. Use 3.14 for π. Write the correct answer.

1. The world's tallest Ferris wheel is in Osaka, Japan, and stands 369 feet tall. Its wheel has a diameter of 328 feet. Find the circumference of the Ferris wheel.

1029.9 ft

2. A dog is on a 15-foot chain that is anchored to the ground. How much area can the dog cover while he is on the chain?

706.5 ft^2

3. A small pizza has a diameter of 10 inches, and a medium has a diameter of 12 inches. How much more pizza do you get with the medium pizza?

34.5 in^2

4. How much more crust do you get with a medium pizza with a diameter of 12 inches than a small pizza with a 10 inch diameter?

6.3 in.

Round to the nearest tenth. Use 3.14 for π. Choose the letter for the best answer.

5. The wrestling mat for college NCAA competition has a wrestling circle with a diameter of 32 feet, while a high school mat has a diameter of 28 feet. How much more area is there in a college wrestling mat than a high school mat?

A 12.6 ft^2
(B) 188.4 ft^2
C 234.8 ft^2
D 753.6 ft^2

6. Many tire manufacturers guarantee their tires for 50,000 miles. If a tire has a 16-inch radius, how many revolutions of the tire are guaranteed? There are 63,360 inches in a mile. Round to the nearest revolution.

F 630.6 revolutions
G 3125 revolutions
(H) 31,528,662 revolutions
J 500,000,000 revolutions

7. In men's Olympic discus throwing competition, an athlete throws a discus with a diameter of 8.625 inches. What is the circumference of the discus?

A 13.5 in.
(B) 27.1 in.
C 58.4 in.
D 233.6 in.

8. An athlete in a discus competition throws from a circle that is approximately 8.2 feet in diameter. What is the area of the discus throwing circle?

(F) 52.8 ft^2
G 25.7 ft^2
H 12.9 ft^2
J 211.1 ft^2

LECCIÓN **8-3**

Resolución de problemas

Círculos

Redondea a la décima más cercana. Usa 3.14 para π. Escribe la respuesta correcta.

1. La rueda de la fortuna más alta del mundo está en Osaka, Japón, y mide 369 pies de altura. La rueda tiene un diámetro de 328 pies. Halla la circunferencia de la rueda de la fortuna.

1029.9 pies

2. Un perro está atado a una cadena de 15 pies que está anclada al suelo. ¿Qué área puede recorrer el perro cuando está atado?

706.5 pies^2

3. Una pizza pequeña tiene un diámetro de 10 pulgadas y una pizza mediana tiene un diámetro de 12 pulgadas. ¿Cuánta pizza más hay en la pizza mediana?

34.5 pulg^2

4. ¿Cuánta masa más hay en una pizza mediana de 12 pulgadas de diámetro que en una pizza pequeña de 10 pulgadas de diámetro?

6.3 pulg

Redondea a la décima más cercana. Usa 3.14 para π. Elige la letra de la mejor respuesta.

5. La lona de lucha libre que se usa en las competencias universitarias de la NCAA tiene un círculo de 32 pies de diámetro, mientras que la lona que se usa en una escuela secundaria tiene un diámetro de 28 pies. ¿Cuánto mayor que el área de la lona de la escuela secunadria es el área de la lona de lucha libre de la universidad?

A 12.6 pies^2 C 234.8 pies^2
(B) 188.4 pies^2 D 753.6 pies^2

6. Muchos fabricantes de neumáticos garantizan sus neumáticos por 50,000 millas. Si un neumático tiene un radio de 16 pulgadas, ¿cuántas revoluciones del neumático están garantizadas? En una milla hay 63,360 pulgadas. Redondea a la revolución más cercana.

F 630.6 revoluciones
G 3125 revoluciones
(H) 31,528,662 revoluciones
J 500,000,000 revoluciones

7. En la competencia masculina de lanzamiento de disco de las Olimpíadas, un atleta lanza un disco de 8.625 pulgadas de diámetro. ¿Cuál es la circunferencia del disco?

A 13.5 pulg
(B) 27.1 pulg
C 58.4 pulg
D 233.6 pulg

8. En una competencia de lanzamiento de disco, un atleta realiza su lanzamiento desde un círculo que mide aproximadamente 8.2 pies de diámetro. ¿Qué área tiene el círculo desde el que se lanza el disco?

(F) 52.8 pies^2 H 12.9 pies^2
G 25.7 pies^2 J 211.1 pies^2

LESSON **8-4**

Problem Solving

Drawing Three-Dimensional Figures

Write the correct answer.

1. Mitch used a triangular prism in his science experiment. Name the vertices, edges, and faces of the triangular prism shown at the right.

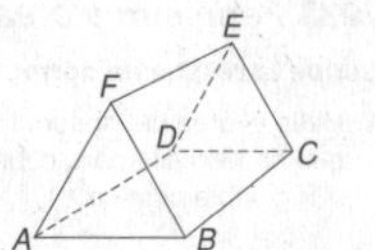

Vertices: *A, B, C, D, E, F*

Faces: triangles *ABF, CDE*, rectangles *ABCD, BCEF, ADEF*

Edges: $\overline{AB}, \overline{BC}, \overline{CD}, \overline{AD}, \overline{AF}, \overline{BF}, \overline{FE}, \overline{DE}, \overline{CE}$

2. Amber used cubes to make the model shown below of a sculpture she wants to make. Draw the front, top, and side views of the model.

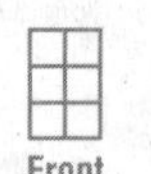

Front

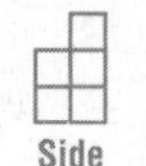

Side

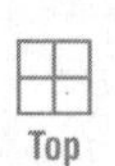

Top

Choose the letter of the best answer.

3. Which is the front view of the figure shown at the left? B

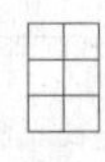
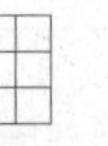

A

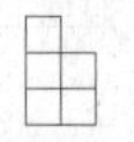

B

C

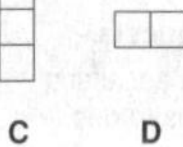

D

4. Which is **not** an edge of the figure shown at the right?

F $\overline{AB}$ H $\overline{EF}$

G $\overline{EH}$ Ⓙ $\overline{BD}$

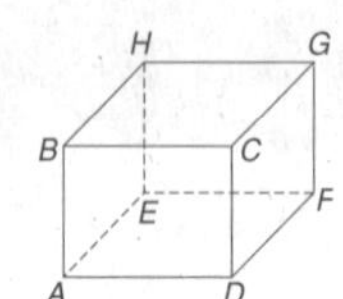

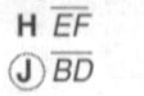

LECCIÓN **8-4**

Resolución de problemas

Cómo dibujar figuras tridimensionales

Escribe la respuesta correcta.

1. Mitch usó un prisma triangular en su experimento de ciencias. Menciona los vértices, las aristas y las caras del prisma triangular que se muestra a la derecha.

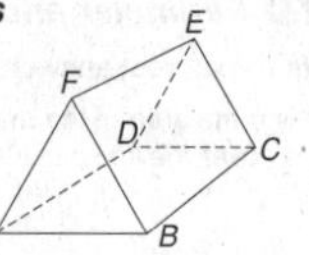

Vértices: *A, B, C, D, E, F*

Caras: triángulos *ABF, CDE*, rectángulos *ABCD, BCEF, ADEF*

Aristas: $\overline{AB}, \overline{BC}, \overline{CD}, \overline{AD}, \overline{AF}, \overline{BF}, \overline{FE}, \overline{DE}, \overline{CE}$

2. Amber usó cubos para armar el siguiente modelo de una escultura que quiere hacer. Dibuja las vistas frontal, superior y lateral del modelo.

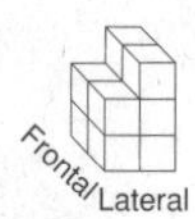

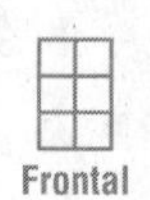

Frontal

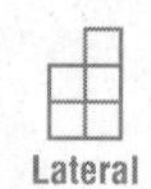

Lateral

Superior

Elige la letra de la mejor respuesta.

3. ¿Cuál es la vista frontal de la figura que se muestra a la izquierda? B

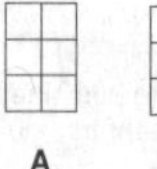

A

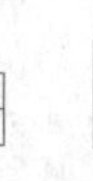

B

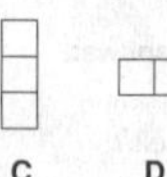

C

D

4. ¿Cuál de las siguientes opciones **no** es una arista de la figura que se muestra a la derecha?

F $\overline{AB}$ H $\overline{EF}$

G $\overline{EH}$ Ⓙ $\overline{BD}$

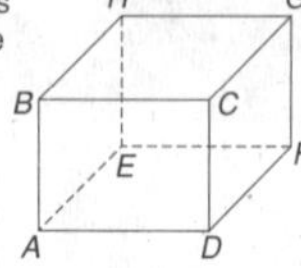

LESSON **8-5**

Problem Solving

Volume of Prisms and Cylinders

Round to the nearest tenth. Write the correct answer.

1. A contractor pours a sidewalk that is 4 inches deep, 1 yard wide, and 20 yards long. How many cubic yards of concrete will be needed? (Hint: 36 inches = 1 yard.)

   2.2 yd^3

2. A refrigerator has inside measurements of 50 cm by 118 cm by 44 cm. What is the capacity of the refrigerator?

   $259{,}600 \text{ cm}^3$

A rectangular box is 2 inches high, 3.5 inches wide and 4 inches long. A cylindrical box is 3.5 inches high and has a diameter of 3.2 inches. Use 3.14 for π. Round to the nearest tenth.

3. Which box has a larger volume?

   Cylinder

4. How much bigger is the larger box?

   0.1 in^3

Use 3.14 for π. Choose the letter for the best answer.

5. A child's wading pool has a diameter of 5 feet and a height of 1 foot. How much water would it take to fill the pool? Round to the nearest gallon. (Hint: 1 cubic foot of water is approximately 7.5 gallons.)

   A 79 gallons
   B 589 gallons
   C 59 gallons
   Ⓓ 147 gallons

6. How many cubic feet of air are in a room that is 15 feet long, 10 feet wide and 8 feet high?

   F 33 ft^3
   Ⓖ 1200 ft^3
   H 1500 ft^3
   J 3768 ft^3

7. How many gallons of water will the water trough hold? Round to the nearest gallon. (Hint: 1 cubic foot of water is approximately 7.5 gallons.)

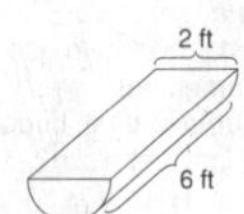

   A 19 gallons C 141 gallons
   Ⓑ 71 gallons D 565 gallons

8. A can has diameter of 9.8 cm and is 13.2 cm tall. What is the capacity of the can? Round to the nearest tenth.

   F 203.1 cm^3
   Ⓖ 995.2 cm^3
   H 3980.7 cm^3
   J 959.2 cm^3

LECCIÓN **8-5**

Resolución de problemas

Volumen de prismas y cilindros

Redondea a la décima más cercana. Escribe la respuesta correcta.

1. Un contratista debe rellenar una acera de 4 pulgadas de profundidad, 1 yarda de ancho y 20 yardas de largo. ¿Cuántas yardas cúbicas de hormigón necesitará? (Pista: 36 pulgadas = 1 yarda)

   2.2 yd^3

2. Las medidas internas de un refrigerador son 50 cm por 118 cm por 44 cm. ¿Qué capacidad tiene el refrigerador?

   $259{,}600 \text{ cm}^3$

Una caja rectangular mide 2 pulgadas de altura, 3.5 pulgadas de ancho y 4 pulgadas de largo. Una caja cilíndrica mide 3.5 pulgadas de altura y 3.2 pulgadas de diámetro. Usa 3.14 para π. Redondea a la décima más cercana.

3. ¿Qué caja tiene mayor volumen?

   la cilíndrica

4. ¿Cuánto mayor es la caja más grande?

   0.1 pulg^3

Usa 3.14 para π. Elige la letra de la mejor respuesta.

5. Una alberca portátil para niños tiene un diámetro de 5 pies y una altura de 1 pie. ¿Cuánta agua se necesitaría para llenar la alberca? Redondea al galón más cercano (Pista: 1 pie cúbico de agua es aproximadamente 7.5 galones.)

   A 79 galones
   B 589 galones
   C 59 galones
   Ⓓ 147 galones

6. ¿Cuántos pies cúbicos de aire hay en una habitación que mide 15 pies de largo, 10 pies de ancho y 8 pies de altura?

   F 33 pies^3
   Ⓖ 1200 pies^3
   H 1500 pies^3
   J 3768 pies^3

7. ¿Cuántos galones de agua caben en el bebedero? Redondea al galón más cercano. (Pista: 1 pie cúbico de agua es aproximadamente 7.5 galones.)

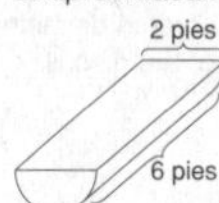

   A 19 galones C 141 galones
   Ⓑ 71 galones D 565 galones

8. Una lata mide 9.8 cm de diámetro y 13.2 cm de altura. ¿Qué capacidad tiene la lata? Redondea a la décima más cercana.

   F 203.1 cm^3
   Ⓖ 995.2 cm^3
   H 3980.7 cm^3
   J 959.2 cm^3

LESSON **8-6**

Problem Solving

Volume of Pyramids and Cones

Round to the nearest tenth. Use 3.14 for π. Write the correct answer.

1. The Feathered Serpent Pyramid in Teotihuacan, Mexico is the third largest in the city. Its base is a square that measures 65 m on each side. The pyramid is 19.4 m high. What is the volume of the Feathered Serpent Pyramid?

   27,321.7 m^3

2. The Sun Pyramid in Teotihuacan, Mexico, is larger than the Feathered Serpent Pyramid. The sides of the square base and the height are each about 3.3 times larger than the Feathered Serpent Pyramid. How many times larger is the volume of the Sun Pyramid than the Feathered Serpent Pyramid?

   35.9 times larger

3. An oil funnel is in the shape of a cone. It has a diameter of 4 inches and a height of 6 inches. If the end of the funnel is plugged, how much oil can the funnel hold before it overflows?

   25.1 in^3

4. One quart of oil has a volume of approximately 57.6 in^3. Does the oil funnel in exercise 3 hold more or less than 1 quart of oil?

   less

Round to the nearest tenth. Use 3.14 for π. Choose the letter for the best answer.

5. An ice cream cone has a diameter of 4.2 cm and a height of 11.5 cm. What is the volume of the cone?

   A 18.7 cm^3
   B 25.3 cm^3
   (C) 53.1 cm^3
   D 212.3 cm^3

6. When decorating a cake, the frosting is put into a cone shaped bag and then squeezed out a hole at the tip of the cone. How much frosting is in a bag that has a radius of 1.5 inches and a height of 8.5 inches?

   F 5.0 in^3
   G 13.3 in^3
   H 15.2 in^3
   (J) 20.0 in^3

7. What is the volume of the hourglass at the right?

   (A) 13.1 in^3
   B 26.2 in^3
   C 52.3 in^3
   D 102.8 in^3

LECCIÓN **8-6**

Resolución de problemas

Volumen de pirámides y conos

Redondea a la décima más cercana. Usa 3.14 para π. Escribe la respuesta correcta.

1. La Pirámide de la Serpiente Emplumada en Teotihuacán, México, es la tercera pirámide más grande de esa ciudad. Su base es un cuadrado con lados de 65 m. La pirámide mide 19.4 m de altura. ¿Cuál es el volumen de la Pirámide de la Serpiente Emplumada?

   27,321.7 m^3

2. La Pirámide del Sol en Teotihuacán, México, es más grande que la Pirámide de la Serpiente Emplumada. Tanto los lados de la base cuadrada como la altura miden aproximadamente 3.3 veces más que los de la Pirámide de la Serpiente Emplumada. ¿Cuántas veces mayor que el de la Pirámide de la Serpiente Emplumada es el volumen de la Pirámide del Sol?

   35.9 veces mayor

3. Un embudo para aceite tiene forma de cono. Tiene un diámetro de 4 pulgadas y una altura de 6 pulgadas. Si se tapa el extremo del embudo, ¿cuánto aceite puede contener el embudo sin rebalsar?

   25.1 $pulg^3$

4. Un cuarto de galón de aceite tiene un volumen de aproximadamente 57.6 $pulg^3$. El embudo del Ejercicio 3, ¿contiene más o menos que 1 cuarto de galón aceite?

   menos

Redondea a la décima más cercana. Usa 3.14 para π. Elige la letra de la mejor respuesta.

5. Un cono de helado tiene un diámetro de 4.2 cm y una altura de 11.5 cm. ¿Cuál es el volumen del cono?

   A 18.7 cm^3
   B 25.3 cm^3
   (C) 53.1 cm^3
   D 212.3 cm^3

6. Cuando se decora un pastel, el glaseado se coloca en una bolsa con forma de cono que se debe presionar para que el glaseado salga por el orificio de la punta del cono. ¿Cuánto glaseado hay en una bolsa que tiene un radio de 1.5 pulgadas y una altura de 8.5 pulgadas?

   F 5.0 $pulg^3$
   G 13.3 $pulg^3$
   H 15.2 $pulg^3$
   (J) 20.0 $pulg^3$

7. ¿Cuál es el volumen del reloj de arena de la derecha?

   (A) 13.1 $pulg^3$
   B 26.2 $pulg^3$
   C 52.3 $pulg^3$
   D 102.8 $pulg^3$

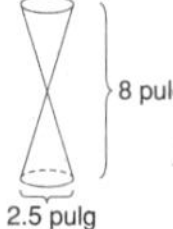

LESSON **8-7**

Problem Solving

Surface Area of Prisms and Cylinders

An important factor in designing packaging for a product is the amount of material required to make the package. Consider the three figures described in the table below. Use 3.14 for π. Round to the nearest tenth. Write the correct answer.

1. Find the surface area of each package given in the table.

2. Which package has the lowest materials cost? Assume all of the packages are made from the same material.

   cylinder

Package	Dimensions	Volume	Surface Area
Prism	Base: 2" × 16" Height = 2"	64 in^3	136 in^2
Prism	Base: 4" × 4" Height = 4"	64 in^3	96 in^2
Cylinder	Radius = 2" Height = 5.1"	64.06 in^3	89.2 in^2

Use 3.14 for π. Round to the nearest hundredth.

3. How much cardboard material is required to make a cylindrical oatmeal container that has a diameter of 12.5 cm and a height of 24 cm, assuming there is no overlap? The container will have a plastic lid.

   1064.66 cm^2

4. What is the surface area of a rectangular prism that is 5 feet by 6 feet by 10 feet?

   280 ft^2

Use 3.14 for π. Round to the nearest tenth. Choose the letter for the best answer.

5. How much metal is required to make the trough pictured below?

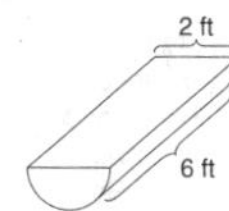

   (A) 22.0 ft^2
   B 34.0 ft^2
   C 44.0 ft^2
   D 56.7 ft^2

6. A can of vegetables has a diameter of 9.8 cm and is 13.2 cm tall. How much paper is required to make the label, assuming there is no overlap? Round to the nearest tenth.

   F 203.1 cm^2
   (G) 406.2 cm^2
   H 557.0 cm^2
   J 812.4 cm^2

LECCIÓN **8-7**

Resolución de problemas

Área total de prismas y cilindros

Un factor importante al diseñar envases para un producto es la cantidad de material necesario para hacer el envase. Considera las tres figuras que se describen en la siguiente tabla. Usa 3.14 para π. Redondea a la décima más cercana. Escribe la respuesta correcta.

1. Halla el área total de cada envase dado en la tabla.

2. ¿Qué envase tiene el menor costo de material? Supongamos que todos los envases están hechos del mismo material.

   el cilindro

Envase	Dimensiones	Volumen	Área total
Prisma	Base: 2" × 16" Altura = 2"	64 $pulg^3$	136 $pulg^2$
Prisma	Base: 4" × 4" Altura = 4"	64 $pulg^3$	96 $pulg^2$
Cilindro	Radio = 2" Altura = 5.1"	64.06 $pulg^3$	89.2 $pulg^2$

Usa 3.14 para π. Redondea a la centésima más cercana.

3. ¿Cuánto cartón se necesita para hacer un recipiente cilíndrico para avena que tenga un diámetro de 12.5 cm y una altura de 24 cm, suponiendo que los extremos no se superponen? El envase va a tener una tapa plástica.

   1064.66 cm^2

4. ¿Cuál es el área total de un prisma rectangular que mide 5 pies por 6 pies por 10 pies?

   280 $pies^2$

Usa 3.14 para π. Redondea a la décima más cercana. Elige la letra de la mejor respuesta.

5. ¿Cuánto metal se necesita para hacer el bebedero que se muestra a continuación?

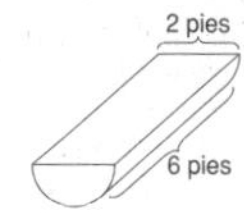

   (A) 22.0 $pies^2$
   B 34.0 $pies^2$
   C 44.0 $pies^2$
   D 56.7 $pies^2$

6. Una lata de verduras tiene un diámetro de 9.8 cm y mide 13.2 cm de altura. ¿Cuánto papel se necesita para hacer la etiqueta suponiendo que los extremos no se superponen? Redondea a la décima más cercana.

   F 203.1 cm^2
   (G) 406.2 cm^2
   H 557.0 cm^2
   J 812.4 cm^2

LESSON **8-8**

Problem Solving

Surface Area of Pyramids and Cones

Round to the nearest tenth. Use 3.14 for π. Write the correct answer.

1. The Feathered Serpent Pyramid in Teotihuacan, Mexico, is the third largest in the city. Its base is a square that measures 65 m on each side. The pyramid is 19.4 m high and has a slant height of 37.8 m. The lateral faces of the pyramid are decorated with paintings. What is the surface area of the painted faces?

   4914 m^2

2. The Sun Pyramid in Teotihuacan, Mexico, is larger than the Feathered Serpent Pyramid. The sides of the square base and the slant height are each about 3.3 times larger than the Feathered Serpent Pyramid. How many times larger is the surface area of the lateral faces of the Sun Pyramid than the Feathered Serpent Pyramid?

   10.9 times larger

3. An oil funnel is in the shape of a cone. It has a diameter of 4 inches and a slant height of 6 inches. How much material does it take to make a funnel with these dimensions?

   37.7 in^2

4. If the diameter of the funnel in Exercise 6 is doubled, by how much does it increase the surface area of the funnel?

   2 times

Round to the nearest tenth. Use 3.14 for π. Choose the letter for the best answer.

5. An ice cream cone has a diameter of 4.2 cm and a slant height of 11.5 cm. What is the surface area of the ice cream cone?

   A 4.7 cm^2 (C) 75.83 cm^2
   B 19.9 cm^2 D 159.2 cm^2

6. A marker has a conical tip. The diameter of the tip is 1 cm and the slant height is 0.7 cm. What is the area of the writing surface of the marker tip?

   (F) 1.1 cm^2 H 2.2 cm^2
   G 1.9 cm^2 J 5.3 cm^2

7. A skylight is shaped like a square pyramid. Each panel has a 4 m base. The slant height is 2 m, and the base is open. The installation cost is $5.25 per square meter. What is the cost to install 4 skylights?

   A $64   C $218
   B $159   (D) $336

8. A paper drinking cup shaped like a cone has a 10 cm slant height and an 8 cm diameter. What is the surface area of the cone?

   F 88.9 cm^2 H 251.2 cm^2
   (G) 125.6 cm^2 J 301.2 cm^2

LECCIÓN **8-8**

Resolución de problemas

Área total de pirámides y conos

Redondea a la décima más cercana. Usa 3.14 para π. Escribe la respuesta correcta.

1. La Pirámide de la Serpiente Emplumada en Teotihuacán, México, es la tercera pirámide más grande de esa ciudad. Su base es un cuadrado con lados de 65 m. La pirámide mide 19.4 m de altura y tiene una altura inclinada de 37.8 m. Las caras laterales de la pirámide están decoradas con pinturas. ¿Cuál es el área total de las caras pintadas?

   4914 m^2

2. La Pirámide del Sol en Teotihuacán, México, es más grande que la Pirámide de la Serpiente Emplumada. Tanto los lados de la base cuadrada como la altura inclinada miden aproximadamente 3.3 veces más que los de la Pirámide de la Serpiente Emplumada. ¿Cuántas veces mayor que la de la Pirámide de la Serpiente Emplumada es el área total de las caras laterales de la Pirámide del Sol?

   10.9 veces mayor

3. Un embudo para aceite tiene forma de cono. Tiene un diámetro de 4 pulgadas y una altura inclinada de 6 pulgadas. ¿Cuánto material se necesita para hacer un embudo de estas dimensiones?

   37.7 pulg^2

4. Si se duplica el diámetro del embudo del Ejercicio 3, ¿cuántas veces aumentará el área total del embudo?

   2 veces

Redondea a la décima más cercana. Usa 3.14 para π. Elige la letra de la mejor respuesta.

5. Un cono de helado tiene un diámetro de 4.2 cm y una altura inclinada de 11.5 cm. ¿Cuál es el área total del cono de helado?

   A 4.7 cm^2 (C) 75.83 cm^2
   B 19.9 cm^2 D 159.2 cm^2

6. Un marcador tiene punta cónica. El diámetro de la punta es 1 cm y la altura inclinada es 0.7 cm. ¿Cuál es el área de la superficie de escritura de la punta del marcador?

   (F) 1.1 cm^2 H 2.2 cm^2
   G 1.9 cm^2 J 5.3 cm^2

7. Una claraboya tiene forma de pirámide cuadrangular. La base de cada panel mide 4 m. La altura inclinada es 2 m y la base está abierta. El costo de instalación es $5.25 por metro cuadrado. ¿Cuánto cuesta instalar 4 claraboyas?

   A $64   C $218
   B $159   (D) $336

8. Un vaso de papel con forma de cono tiene una altura inclinada de 10 cm y un diámetro de 8 cm. ¿Cuál es el área total del cono?

   F 88.9 cm^2 H 251.2 cm^2
   (G) 125.6 cm^2 J 301.2 cm^2

LESSON **8-9**

Problem Solving

Spheres

Early golf balls were smooth spheres. Later it was discovered that golf balls flew better when they were dimpled. On January 1, 1932, the United States Golf Association set standards for the weight and size of a golf ball. The minimum diameter of a regulation golf ball is 1.680 inches. Use 3.14 for π. Round to the nearest hundredth.

1. Find the volume of a smooth golf ball with the minimum diameter allowed by the United States Golf Association.

   2.48 in^3

2. Find the surface area of a smooth golf ball with the minimum diameter allowed by the United States Golf Association.

   8.86 in^2

3. Would the dimples on a golf ball increase or decrease the volume of the ball?

   decrease

4. Would the dimples on a golf ball increase or decrease the surface area of the ball?

   increase

Use 3.14 for π. Use the following information for Exercises 5–6. A track and field expert recommends changes to the size of a shot put. One recommendation is that a shot put should have a diameter between 90 and 110 mm. Choose the letter for the best answer.

5. Find the surface area of a shot put with a diameter of 90 mm.

   (A) 25,434 mm^2
   B 101,736 mm^2
   C 381,520 mm^2
   D 3,052,080 mm^2

6. Find the surface area of a shot put with diameter 110 mm.

   F 9,499 mm^2
   G 22,834 mm^2
   (H) 37,994 mm^2
   J 151,976 mm^2

7. Find the volume of the earth if the average diameter of the earth is 7926 miles.

   A 2.0×10^8 mi^3
   (B) 2.6×10^{11} mi^3
   C 7.9×10^8 mi^3
   D 2.1×10^{12} mi^3

8. An ice cream cone has a diameter of 4.2 cm and a height of 11.5 cm. One spherical scoop of ice cream is put on the cone that has a diameter of 5.6 cm. If the ice cream were to melt in the cone, how much of it would overflow the cone? Round to the nearest tenth.

   F 0 cm^3 (H) 38.8 cm^3
   G 12.3 cm^3 J 54.3 cm^3

LECCIÓN **8-9**

Resolución de problemas

Esferas

Las primeras pelotas de golf eran esferas lisas. Luego se descubrió que las pelotas de golf volaban mejor cuando tenían pequeños hoyos. El 1ro de enero de 1932, la Asociación de Golf de Estados Unidos fijó normas para el peso y el tamaño de las pelotas de golf. El diámetro mínimo de una pelota de golf reglamentaria es 1.680 pulgadas. Usa 3.14 para π. Redondea a la centésima más cercana.

1. Halla el volumen de una pelota de golf lisa con el diámetro mínimo permitido por la Asociación de Golf de Estados Unidos.

   2.48 pulg^3

2. Halla el área total de una pelota de golf lisa con el diámetro mínimo permitido por la Asociación de Golf de Estados Unidos.

   8.86 pulg^2

3. Los hoyos de una pelota de golf, ¿aumentarían o reducirían el volumen de la pelota?

   lo reducirían

4. Los hoyos de una pelota de golf, ¿aumentarían o reducirían el área total de la pelota?

   la aumentarían

Usa 3.14 para π. Usa la siguiente información para los Ejercicios 5 y 6. Un experto en pruebas de atletismo recomienda cambiar el tamaño de la bala para el lanzamiento de bala. Su recomendación es que una bala debería tener un diámetro de entre 90 y 110 mm. Elige la letra de la mejor respuesta.

5. Halla el área total de una bala con un diámetro de 90 mm.

   (A) 25,434 mm^2
   B 101,736 mm^2
   C 381,520 mm^2
   D 3,052,080 mm^2

6. Halla el área total de una bala con un diámetro de 110 mm.

   F 9,499 mm^2
   G 22,834 mm^2
   (H) 37,994 mm^2
   J 151,976 mm^2

7. Halla el volumen de la Tierra si su diámetro promedio es 7926 millas.

   A 2.0×10^8 mi^3
   (B) 2.6×10^{11} mi^3
   C 7.9×10^8 mi^3
   D 2.1×10^{12} mi^3

8. Un cono de helado tiene un diámetro de 4.2 cm y una altura de 11.5 cm. Se coloca una porción esférica de helado de 5.6 cm de diámetro en el cono. Si el helado se derritiera, ¿cuánto helado se derramaría del cono? Redondea a la décima más cercana.

   F 0 cm^3 (H) 38.8 cm^3
   G 12.3 cm^3 J 54.3 cm^3

LESSON 8-10

Problem Solving

Scaling Three-Dimensional Figures

Round to the nearest hundredth. Write the correct answer.

1. The smallest regulation golf ball has a volume of 2.48 cubic inches. If the diameter of the ball were increased by 10%, or a factor of 1.1, what will the volume of the golf ball be?

   3.30 cubic inches

2. The smallest regulation golf ball has a surface area of 8.86 square inches. If the diameter of the ball were increased by 10%, what will the surface area of the golf ball be?

   10.72 square inches

3. The Feathered Serpent Pyramid in Teotihuacan, Mexico, is the third largest in the city. The dimensions of the Sun Pyramid in Teotihuacan, Mexico, are about 3.3 times larger than the Feathered Serpent Pyramid. How many times larger is the volume of the Sun Pyramid than the Feathered Serpent Pyramid?

   35.94

4. The faces of the Feathered Serpent Pyramid and the Sun Pyramid described in Exercise 3 have ancient paintings on them. How many times larger is the surface area of the faces of the Sun Pyramid than the faces of the Feathered Serpent Pyramid?

   10.89

Choose the letter for the best answer.

5. John is designing a shipping container that boxes will be packed into. The container he designed will hold 24 boxes. If he doubles the sides of his container, how many times more boxes will the shipping container hold?

   A 2 — (C) 8 — B 4 — D 192

6. If John doubles the sides of his container from exercise 5, how many times more material will be required to make the container?

   F 2 — H 8 — (G) 4 — J 192

7. A child's sandbox is shaped like a rectangular prism and holds 2 cubic feet of sand. The dimensions of the next size sandbox are double the smaller sandbox. How much sand will the larger sandbox hold?

   A 4 ft^3 — (C) 16 ft^3 — B 8 ft^3 — D 32 ft^3

8. Maria used two boxes of sugar cubes to create a solid building for a class project. She decides that the building is too small and she will rebuild it 3 times larger. How many more boxes of sugar cubes will she need?

   F 4 — H 27 — G 25 — (J) 52

LECCIÓN 8-10

Resolución de problemas

Hacer dibujos a escala de figuras tridimensionales

Redondea a la centésima más cercana. Escribe la respuesta correcta.

1. La pelota de golf reglamentaria más pequeña tiene un volumen de 2.48 pulgadas cúbicas. Si el diámetro de la pelota se aumentara 10%, o según un factor de 1.1, ¿cuál sería el volumen de la pelota de golf?

   3.30 pulgadas cúbicas

2. La pelota de golf reglamentaria más pequeña tiene un área total de 8.86 pulgadas cuadradas. Si el diámetro de la pelota se aumentara 10%, ¿cuál sería el área total de la pelota de golf?

   10.72 pulgadas cuadradas

3. La Pirámide de la Serpiente Emplumada en Teotihuacán, México, es la tercera pirámide más grande de esa ciudad. Las dimensiones de la Pirámide del Sol son aproximadamente 3.3 veces mayores que las de la Pirámide de la Serpiente Emplumada. ¿Cuántas veces mayor que el de la Pirámide de la Serpiente Emplumada es el volumen de la Pirámide del Sol?

   35.94

4. Las caras de la Pirámide de la Serpiente Emplumada y las de la Pirámide del Sol, descritas en el Ejercicio 3, están decoradas con pinturas antiguas. ¿Cuántas veces mayor que el área total de las caras de la Pirámide de la Serpiente Emplumada es el área total de las caras de la Pirámide del Sol?

   10.89

Elige la letra de la mejor respuesta.

5. John está diseñando un recipiente para enviar cajas. El recipiente que diseñó podrá contener 24 cajas. Si duplica los lados del recipiente, ¿cuántas veces esa cantidad de cajas podrá contener el recipiente?

   A 2 — (C) 8 — B 4 — D 192

6. Si John duplica los lados del recipiente del Ejercicio 5, ¿cuántas veces más cantidad de material se necesitará para hacer el recipiente?

   F 2 — H 8 — (G) 4 — J 192

7. Un cajón de arena para niños tiene forma de prisma rectangular y contiene 2 pies cúbicos de arena. Las dimensiones del que le sigue en tamaño son el doble de las dimensiones de la caja más pequeña. ¿Cuánta arena contendrá el cajón de arena más grande?

   A 4 $pies^3$ — (C) 16 $pies^3$ — B 8 $pies^3$ — D 32 $pies^3$

8. María usó dos cajas de terrones de azúcar para construir un edificio macizo para un proyecto de clase. Ella nota que el edificio es demasiado pequeño y lo va a reconstruir 3 veces más grande. ¿Cuántas cajas más de terrones de azúcar necesitará?

   F 4 — H 27 — G 25 — (J) 52

LESSON 9-1

Problem Solving

Samples and Surveys

Identify the sampling method used.

1. Every twentieth student on a list is chosen to participate in a poll.

   Systematic

2. Seat numbers are drawn from a hat to identify passengers on an airplane that will be surveyed.

   Random

Give a reason why the sample could be biased. Possible answers:

3. A company wants to find out how its customers rate their products. They ask people who visit the company's Web Site to rate their products.

   Many people who use the products will not visit the Web Site.

4. A teacher polls all of the students who are in detention on Friday about their opinions on the amount of homework students should have each night.

   Students in detention may be the least likely to do homework.

A car dealership wants to know how people who have visited the dealership feel about the dealership and the sales people. They survey every 5th person who buys a car. Choose the letter for the best answer.

5. Identify the population.

   (A) People who visit the dealership
   B People who buy a car from the dealership
   C People in the local area
   D The salesmen at the dealership

6. Identify the sample.

   F Every person who visits the dealership
   G People who buy a car
   (H) Every 5th buyer
   J People in the local area

7. Identify the possible bias.

   A Not all people will visit the dealership.
   B Did not survey everyone who buys a car.
   (C) Not including those who visited but did not buy.
   D There is no bias.

8. Identify the sampling method used.

   F Random
   (G) Systematic
   H Stratified
   J None of these

LECCIÓN 9-1

Resolución de problemas

Muestras y encuestas

Identifica el método de muestreo que se usa.

1. Se elige a uno de cada veinte estudiantes de una lista para participar en una encuesta.

   Sistemático

2. Se sacan números de un sombrero para identificar a los pasajeros de un avión que serán encuestados.

   Aleatorio

Da una razón de por qué la muestra podría ser no representativa. Respuesta posible

3. Una compañía quiere averiguar cómo califican sus productos los clientes. Se les pide a las personas que visitan el sito web de la empresa que califiquen los productos.

   Muchas de las personas que usan los productos no visitarán el sitio web.

4. Un maestro encuesta a todos los estudiantes que están castigados el viernes para conocer sus opiniones sobre la cantidad de tarea que los estudiantes deberían tener cada noche.

   Es posible que los estudiantes castigados sean los que menos hacen la tarea.

Una concesionaria de automóviles quiere saber qué opinan las personas que fueron a la concesionaria sobre los vendedores y sobre la concesionaria misma. Se encuesta a una de cada 5 personas que compran un automóvil. Elige la letra de la mejor respuesta.

5. Identifica la población.

   (A) personas que visitan la concesionaria
   B personas que compran un automóvil en la concesionaria
   C personas del área local
   D vendedores de la concesionaria

6. Identifica la muestra.

   F todas las personas que visitan la concesionaria
   G personas que compran un automóvil
   (H) uno de cada 5 compradores
   J personas del área local

7. Identifica la posible parcialidad.

   A No todas las personas visitarán la concesionaria.
   B No se encuestó a todos los que compran un automóvil.
   (C) No se incluye a quienes fueron a la concesionaria pero que no hicieron ninguna compra.
   D No hay parcialidad.

8. Identifica el método de muestreo usado.

   F aleatorio
   (G) sistemático
   H por estratos
   J ninguno de los anteriores

LESSON 9-2

Problem Solving

Organizing Data

A consumer survey gathered the following data about what teens do while on online.

Teens' Activities Online	
Activity	Percent
E-mail	95
Use search engines	86
Instant Messaging	82
Visit music sites	73
Enter contests	73

1. Make a stem-and-leaf plot of the data.

Teens' Activities Online

Stem	Leaves
7	3 3
8	2 6
9	5

Key: 7 | 3 means 73%

The stem-and-leaf plot that shows the total number of medals won by different countries in the 2000 Summer Olympics. Choose the letter for the best answer.

2000 Olympic Medals

Stem	Leaves
2	3 5 6 8 8 9
3	4 8
4	
5	7 8 9
6	
7	
8	8
9	7

2. List all the data values in the stem-and-leaf plot.
   - A 2, 4, 5, 6, 7, 8, 9
   - B 23, 25, 26, 28, 28, 29, 34, 38, 40, 57, 58, 59, 60, 70, 88, 97
   - C 23, 25, 26, 28, 29, 34, 38, 57, 58, 59, 88, 97
   - (D) 23, 25, 26, 28, 28, 29, 34, 38, 57, 58, 59, 88, 97

3. What is the least number of medals won by a country represented in the stem-and-leaf plot?
   - F 3
   - G 4
   - (H) 23
   - J 97

4. What is the greatest number of medals won by a country represented in the stem-and-leaf plot?
   - A 9
   - B 70
   - C 79
   - (D) 97

LECCIÓN 9-2

Resolución de problemas

Cómo organizar datos

Una encuesta al consumidor reunió los siguientes datos acerca de las actividades de los adolescentes en línea.

Actividades de los adolescentes en línea	
Actividad	Porcentaje
Correo electrónico	95
Uso de buscadores	86
Mensajes instantáneos	82
Visita a sitios de música	73
Participación en concursos	73

1. Haz un diagrama de tallo y hojas de los datos.

Actividades de los adolescentes en línea

Tallo	Hojas
7	3 3
8	2 6
9	5

Clave: 7 | 3 significa 73%

En el diagrama de tallo y hojas se muestra la cantidad total de medallas que distintos países ganaron en las Olimpíadas de verano de 2000. Elige la letra de la mejor respuesta.

Medallas olímpicas de 2000

Tallo	Hojas
2	3 5 6 8 8 9
3	4 8
4	
5	7 8 9
6	
7	
8	8
9	7

2. Haz una lista de todos los valores de los datos del diagrama de tallo y hojas.
   - A 2, 4, 5, 6, 7, 8, 9
   - B 23, 25, 26, 28, 28, 29, 34, 38, 40, 57, 58, 59, 60, 70, 88, 97
   - C 23, 25, 26, 28, 29, 34, 38, 57, 58, 59, 88, 97
   - (D) 23, 25, 26, 28, 28, 29, 34, 38, 57, 58, 59, 88, 97

3. ¿Cuál es la menor cantidad de medallas conseguidas por un país del diagrama de tallo y hojas?
   - F 3
   - G 4
   - (H) 23
   - J 97

4. ¿Cuál es la mayor cantidad de medallas conseguidas por un país del diagrama de tallo y hojas?
   - A 9
   - B 70
   - C 79
   - (D) 97

LESSON 9-3

Problem Solving

Measures of Central Tendency

Use the data to find each answer.

World's Busiest Airports

Airport	Total Passengers (in millions)
Atlanta, Hartsfield	80.2
Chicago, O'Hare	72.1
Los Angeles	68.5
London, Heathrow	64.6
Dallas/Ft. Worth	60.7

1. Find the average number of passengers in the world's five busiest airports.

   69.22 million

2. Find the median number of passengers in the world's five busiest airports.

   68.5 million

3. Find the mode of the airport data.

   There is no mode.

4. Find the range of the airport data.

   19.5 million

Choose the letter for the best answer.

World Motor Vehicle Production (in thousands) 1998–1999

Country	1998	1999
United States	12,047	13,063
Canada	2,568	3,026
Europe	16,332	16,546
Japan	10,050	9904

5. What was the mean production of motor vehicles in 1998?
   - A 8,651,500 vehicles
   - (B) 10,249,250 vehicles
   - C 11,264,250 vehicles
   - D 12,000,000 vehicles

6. What was the range of production in 1999?
   - F 9,800,000 vehicles
   - G 11,480,000 vehicles
   - H 12,520,000 vehicles
   - (J) 13,520,000 vehicles

7. What was the median number of vehicles produced in 1999?
   - A 3,026,000 vehicles
   - B 3,069,000 vehicles
   - (C) 11,483,500 vehicles
   - D 13,063,000 vehicles

8. Which value is largest?
   - F Mean of 1998 data
   - G Mean of 1999 data
   - H Median of 1998 data
   - (J) Median of 1999 data

LECCIÓN 9-3

Resolución de problemas

Medidas de tendencia dominante

Usa los datos para hallar cada respuesta.

Aeropuertos más concurridos del mundo

Aeropuerto	Total de pasajeros (en millones)
Atlanta, Hartsfield	80.2
Chicago, O'Hare	72.1
Los Ángeles	68.5
Londres, Heathrow	64.6
Dallas/Ft. Worth	60.7

1. Halla la cantidad promedio de pasajeros de los 5 aeropuertos más concurridos del mundo.

   69.22 millones

2. Halla la cantidad mediana de pasajeros de los 5 aeropuertos más concurridos del mundo.

   68.5 millones

3. Halla la moda de los datos del aeropuerto.

   No hay moda.

4. Halla el rango de los datos del aeropuerto.

   19.5 millones

Elige la letra de la mejor respuesta.

Producción mundial de automotores (en miles) en 1998 y 1999

País	1998	1999
Estados Unidos	12,047	13,063
Canadá	2,568	3,026
Europa	16,332	16,546
Japón	10,050	9904

5. ¿Cuál fue la producción media de automotores en 1998?
   - A 8,651,500 automotores
   - (B) 10,249,250 automotores
   - C 11,264,250 automotores
   - D 12,000,000 automotores

6. ¿Cuál fue la cantidad mediana de automotores producidos en 1999?
   - F 9,800,000 automotores
   - G 11,480,000 automotores
   - H 12,520,000 automotores
   - (J) 13,520,000 automotores

7. ¿Cuál fue la cantidad mediana de automotores producidos en 1999?
   - A 3,026,000 automotores
   - B 3,069,000 automotores
   - (C) 11,483,500 automotores
   - D 13,063,000 automotores

8. ¿Qué valor es mayor?
   - F media de los datos de 1998
   - G media de los datos de 1999
   - H mediana de los datos de 1998
   - (J) mediana de los datos de 1999

LESSON **9-4**

Problem Solving

Variability

Write the correct answer.

1. Find the median of the data.

   14.5 points

2. Find the first and third quartiles of the data.

   $Q_1 = 10$, $Q_3 = 23$

3. Make a box-and-whisker plot of the data.

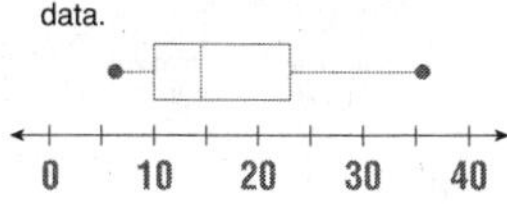

Super Bowl Point Differences

Year	Point Difference
2001	27
2000	7
1999	15
1998	7
1997	14
1996	10
1995	23
1994	17
1993	35
1992	13

The box-and-whisker plots compare the highest recorded Fahrenheit temperatures on the seven continents with the lowest recorded temperatures. Choose the letter for the best answer.

4. Which statement is true?
   - **A** The median of the high temperatures is less than the median of the low temperatures.
   - **(B)** The range of low temperatures is greater than the range of high temperatures.
   - **C** The range of the middle half of the data is greater for the high temperatures.
   - **D** The median of the high temperatures is 49°F.

5. What is the median of the high temperatures?
   - **(F)** 128°F
   - **G** 120°F
   - **H** −67°F
   - **J** −90°F

6. What is the range of the low temperatures?
   - **A** 77°F
   - **B** 79°F
   - **(C)** 120°F
   - **D** 129°F

LECCIÓN **9-4**

Resolución de problemas

Variabilidad

Escribe la respuesta correcta.

1. Halla la mediana de los datos.

   14.5 puntos

2. Halla el primer y el tercer cuartil de los datos.

   $Q_1 = 10$, $Q_3 = 23$

3. Haz una gráfica de mediana y rango de los datos.

   0 10 20 30 40

Diferencia de tantos del Super Bowl

Año	Diferencia de tantos
2001	27
2000	7
1999	15
1998	7
1997	14
1996	10
1995	23
1994	17
1993	35
1992	13

En las gráficas de mediana y rango se comparan las temperaturas máximas y mínimas en grados Fahrenheit registradas en los cinco continentes. Elige la letra de la mejor respuesta.

4. ¿Qué enunciado es verdadero?
   - **A** La mediana de las temperaturas máximas es menor que la mediana de las temperaturas mínimas.
   - **(B)** El rango de las temperaturas mínimas es mayor que el rango de las temperaturas máximas.
   - **C** El rango de la parte media de los datos es mayor para las temperaturas máximas.
   - **D** La mediana de las temperaturas máximas es 49° F.

5. ¿Cuál es la mediana de las temperaturas máximas?
   - **(F)** 128° F
   - **G** 120° F
   - **H** −67° F
   - **J** −90° F

6. ¿Cuál es el rango de las temperaturas mínimas?
   - **A** 77° F
   - **B** 79° F
   - **(C)** 120° F
   - **D** 129° F

LESSON **9-5**

Problem Solving

Displaying Data

Make the indicated graph.

1. Make a double-bar graph of the homework data.

Hours of Daily Homework	1	2	3	4	5
Boys	12	5	2	1	0
Girls	4	6	5	3	2

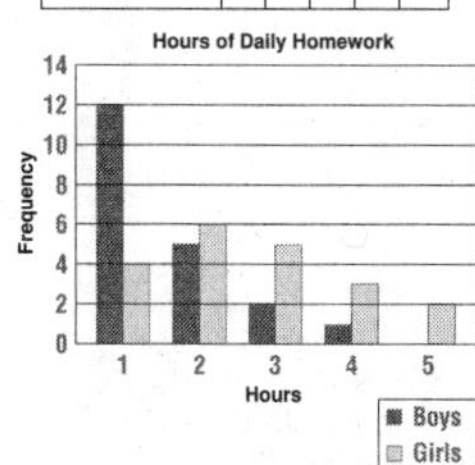

2. The annual hourly delay per driver in the 20 U.S. cities with the most traffic are as follows: 56, 42, 53, 46, 34, 37, 42, 34, 53, 21, 45, 50, 34, 42, 41, 38, 42, 34, 38, 31. Make a histogram with intervals of 5 hours.

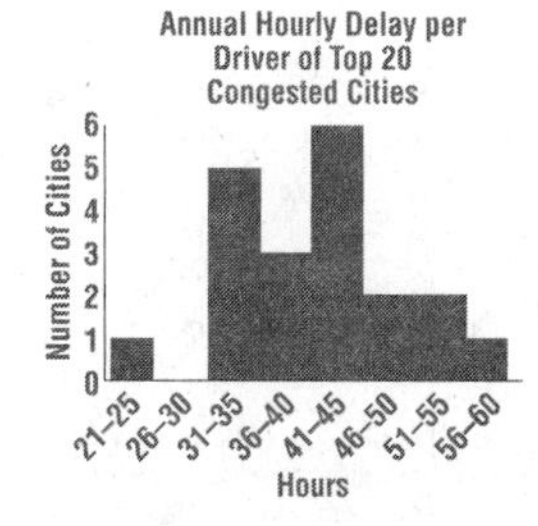

For 3–5, refer to the double-line graph. Circle the letter of the correct answer.

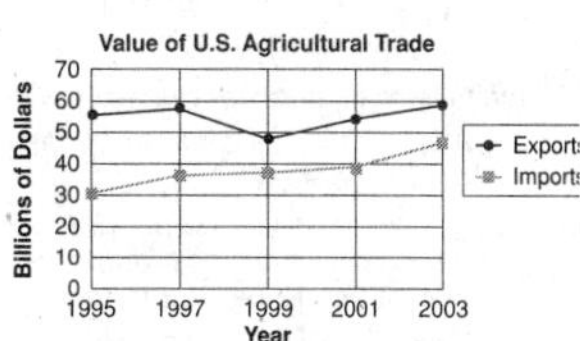

3. Estimate the value of U.S. agricultural exports in 1998.
   - **A** $62 billion
   - **B** $59 billion
   - **(C)** $52 billion
   - **D** Cannot be determined

4. Estimate the value of U.S. agricultural imports in 2000.
   - **(F)** $39 billion
   - **G** $31 billion
   - **H** $29 billion
   - **J** $21 billion

5. Estimate the difference between agricultural exports and imports in 1995.
   - **A** $16 billion
   - **B** $21 billion
   - **(C)** $26 billion
   - **D** Cannot be determined

LECCIÓN **9-5**

Resolución de problemas

Cómo presentar datos

Haz la gráfica que se indica.

1. Haz una gráfica de doble barra de los datos de la tarea.

Horas de tarea diaria	1	2	3	4	5
Chicos	12	5	2	1	0
Chicas	4	6	5	3	2

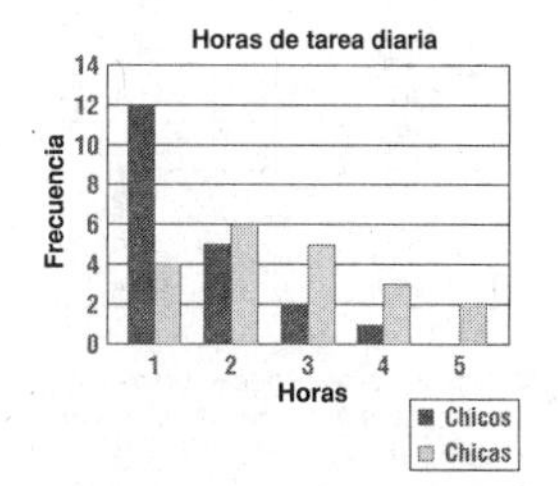

2. El retraso anual por hora por conductor en las 20 ciudades con más tránsito de Estados Unidos es el siguiente: 56, 42, 53, 46, 34, 37, 42, 34, 53, 21, 45, 50, 34, 42, 41, 38, 42, 34, 38, 31. Haz un histograma con intervalos de 5 horas.

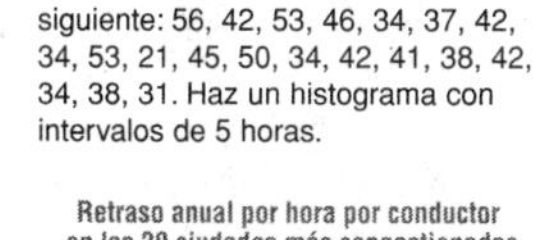

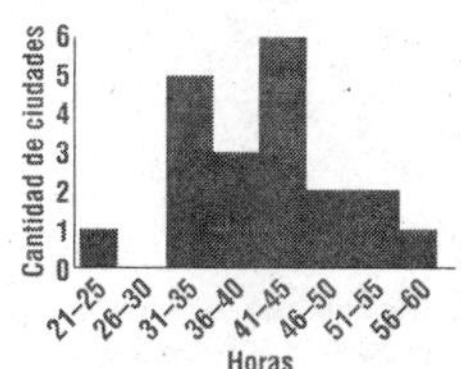

Para los Ejercicios 3 al 5, consulta la gráfica de doble línea. Encierra en un círculo la letra de la respuesta correcta.

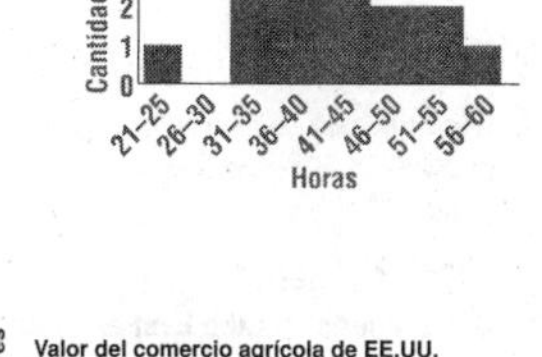

3. Estima el valor de las exportaciones agrícolas de EE.UU. en 1998.
   - **A** $62 mil millones
   - **B** $59 mil millones
   - **(C)** $52 mil millones
   - **D** No se puede determinar.

4. Estima el valor de las importaciones agrícolas de EE.UU. en 2000.
   - **(F)** $39 mil millones
   - **G** $31 mil millones
   - **H** $29 mil millones
   - **J** $21 mil millones

5. Estima la diferencia entre las exportaciones y las importaciones agrícolas de 1995.
   - **A** $16 mil millones
   - **B** $21 mil millones
   - **(C)** $26 mil millones
   - **D** No se puede determinar.

LESSON **9-6**

Problem Solving

Misleading Graphs and Statistics

Explain why each statistics is misleading.

Possible answers:

1. A poll taken at a college says that 38% of students like pizza the best, 32% like hamburgers the best, and 30% like spaghetti the best. They conclude that most of the students at the college like pizza the best.

   62% of the students did not like pizza the best.

2. The National Safety Council of Ireland found that young men were responsible in 57% of automobile accidents they were involved in. The NSC Web site made this claim: "Young men are responsible for over half of all road accidents."

   Young men are not involved in all road accidents.

3. Explain why the Centers for Disease Control (CDC) has been highly criticized for the graph below.

   It implies that most Americans are killed by smoking.

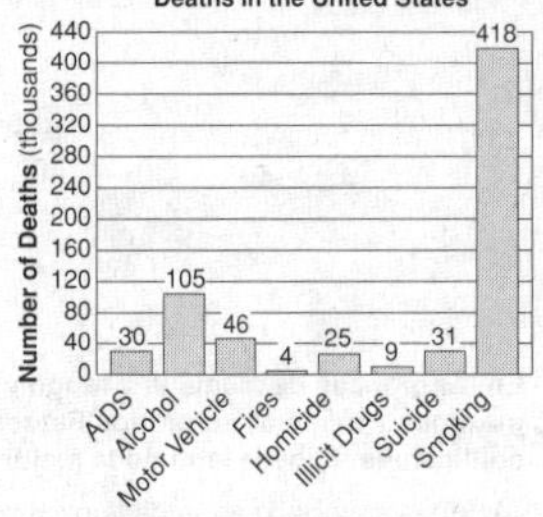

Choose the letter for the best answer.

4. Which statement is a misleading statistic for the data in the table?

Student	Test Grade
A	85%
B	92%
C	88%
D	10%
E	80%

   A The median score was 85%.
   B Most students scored an 80% or above.
   (C) The average test score was 71%.
   D The range of test scores was 82.

5. A sno-cone store claims, "Our sales have tripled!" Sno-cone sales from March to May were 50 and sales from June to August were 150. Why is this misleading?
   A Sample size is too small.
   (B) During the summer, sales should be higher.
   C Should use the median not mean.
   D The statement isn't misleading.

LECCIÓN **9-6**

Resolución de problemas

Gráficas y estadísticas engañosas

Explica por qué cada estadística es engañosa.

Respuestas posibles:

1. Según una encuesta, la comida favorita del 38% de los estudiantes universitarios es la pizza, la del 32%, las hamburguesas y la del 30%, los espagueti. Conclusión: la comida favorita de la mayoría de los estudiantes universitarios es la pizza.

   El 62% de los estudiantes no eligió la pizza.

2. El Consejo Nacional de Seguridad de Irlanda concluyó que los varones jóvenes son responsables del 57% de los accidentes de tránsito en los que están involucrados y afirmó: "Ellos son responsables de más de la mitad de todos los accidentes de tránsito".

   Los varones jóvenes no están en todos los accidentes de tránsito.

3. Explica por qué los Centros para el Control y la Prevención de Enfermedades han sido sumamente criticados por la siguiente gráfica.

   Se insinúa que la mayoría de los estadounidenses mueren a causa del cigarrillo.

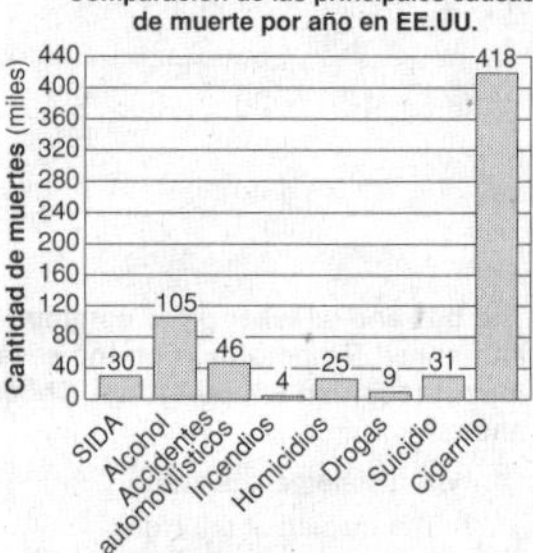

Elige la letra de la mejor respuesta.

4. ¿Qué enunciado es una estadística engañosa de los datos de la tabla?

Estudiante	Calificación del examen
A	85%
B	92%
C	88%
D	10%
E	80%

   A La calificación mediana fue 85%.
   B La mayoría sacó 80% o más.
   (C) La calificación promedio fue 71%.
   D El rango de las calificaciones fue 82.

5. En una heladería se afirma: "¡Nuestras ventas se han triplicado!". Las ventas de helados de marzo a mayo fueron 50 y las ventas de junio a agosto fueron 150. ¿Por qué es engañoso a la afirmación?
   A El tamaño de la muestra es demasiado pequeño.
   (B) Durante el verano, las ventas deberían ser mayores.
   C Se debería usar la mediana, no la media.
   D El enunciado no es engañoso.

LESSON **9-7**

Problem Solving

Scatter Plots

Use the data given at the right.

1. Make a scatter plot of the data.

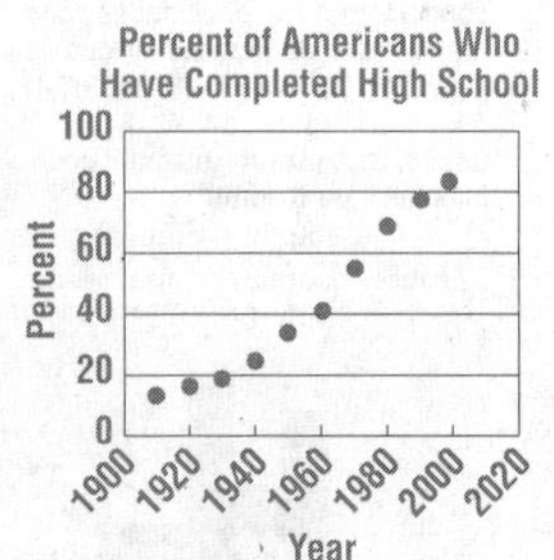

Percent of Americans Who Have Completed High School

Year	Percent
1910	13.5
1920	16.4
1930	19.1
1940	24.5
1950	34.3
1960	41.1
1970	55.2
1980	68.6
1990	77.6
1999	83.4

2. Does the data show a positive, negative or no correlation?

   Positive

3. Use the scatter plot to predict the percent of Americans who will complete high school in 2010.

   About 90%

Choose the letter for the best answer.

4. Which data sets have a positive correlation?
   A The length of the lines at amusement park rides and the number of rides you can ride in a day
   (B) The temperature on a summer day and the number of visitors at a swimming pool
   C The square miles of a state and the population of the state in the 2000 census
   D The length of time spent studying and doing homework and the length of time spent doing other activities

5. Which data sets have a negative correlation?
   F The number of visitors at an amusement park and the length of the lines for the rides
   G The amount of speed over the speed limit when you get a speeding ticket and the amount of the fine for speeding
   (H) The temperature and the number of people wearing coats
   J The distance you live from school and the amount of time it takes to get to school

LECCIÓN **9-7**

Resolución de problemas

Diagramas de dispersión

Usa los datos que se dan a la derecha.

1. Haz un diagrama de dispersión de los datos.

Porcentaje de estadounidenses que han terminado la escuela secundaria

Año	Porcentaje
1910	13.5
1920	16.4
1930	19.1
1940	24.5
1950	34.3
1960	41.1
1970	55.2
1980	68.6
1990	77.6
1999	83.4

2. Los datos, ¿muestran una correlación positiva, negativa o son datos sin correlación?

   positiva

3. Con el diagrama, predice el porcentaje de estadounidenses que terminarán la escuela secundaria en 2010.

   Alrededor del 90%

Elige la letra de la mejor respuesta.

4. ¿Qué conjuntos de datos tienen una correlación positiva?
   A la longitud de las filas para los juegos del parque de diversiones y la cantidad de juegos a los que puedes subir en un día
   (B) la temperatura durante un día de verano y la cantidad de personas que van a una alberca
   C las mi^2 de un estado y su población en el censo de 2000
   D la cantidad de tiempo de estudio y la cantidad de tiempo que se ocupa en otras actividades

5. ¿Qué conjuntos de datos tienen una correlación negativa?
   F los visitantes del parque de diversiones y la longitud de las filas para los juegos
   G la velocidad por encima del límite y la multa a pagar por exceso de velocidad
   (H) la temperatura y la cantidad de personas que usan un abrigo
   J la distancia de tu casa a la escuela y lo que tardas en llegar

LESSON 9-8
Problem Solving
Choosing the Best Representation of Data

Write what kind of graph would be best to display the described data.

1. Numbers of times that members of track team ran a mile in the following intervals: 4 min 31 s to 4 min 40 s, 4 min 41 s to 4 min 50 s, 4 min 51 s to 5 min, 5 min 1 s to 5 min 10 s

histogram

2. Distribution and range of students' scores on a history exam

box-and-whisker plot

3. Relationship between the amounts of time a student spent on her math homework and the numbers of homework problems she solved

scatter plot

4. Total numbers of victories of eight teams in an intramural volleyball league

bar graph

5. Part of calories in a meal that come from protein

circle graph

6. Numbers of books that a student reads each month over a year

line graph

Choose the letter for the best answer.

7. A bar graph is a good way to display
   - A data that changes over time.
   - B parts of a whole.
   - C distribution of data.
   - (D) comparison of different groups of data.

8. A circle graph is a good way to display
   - F range and distribution of data.
   - G distribution of data.
   - (H) parts of a whole.
   - J changes in data over time.

9. A scatter plot is a good way to display
   - A comparison of different groups of data.
   - B distribution and range of data.
   - (C) the relationship between two sets of data.
   - D parts of a whole.

10. A box-and-whisker plot is a good way to display
   - (F) range and distribution of data.
   - G the relationship between two sets of data.
   - H data that changes over time.
   - J parts of a whole.

LECCIÓN 9-8
Resolución de problemas
Cómo elegir la mejor representación de los datos

Escribe qué tipo de gráfica sería mejor para mostrar los datos que se describen.

1. Cantidad de veces que los miembros de un equipo de atletismo corrieron una milla en los siguientes intervalos: 4 min 31 s a 4 min 40 s, 4 min 41 s a 4 min 50 s, 4 min 51 s a 5 min, 5 min 1 s a 5 min 10 s

histograma

2. Distribución y rango de las calificaciones de los estudiantes en un examen de historia

gráfica de mediana y rango

3. Relación entre la cantidad de tiempo que una estudiante ocupó haciendo su tarea de matemáticas y la cantidad de problemas que resolvió

diagrama de dispersión

4. Cantidad total de victorias de ocho equipos en una liga de vóleibol

gráfica de barras

5. Parte de las calorías de una comida que provienen de las proteínas

gráfica circular

6. Cantidad de libros que un estudiante lee por mes durante un año

gráfica lineal

Elige la letra de la mejor respuesta.

7. Una gráfica de barras es una buena forma de mostrar
   - A datos que cambian con el tiempo.
   - B las partes de un todo.
   - C la distribución de los datos.
   - (D) una comparación entre distintos grupos de datos.

8. Una gráfica circular es una buena forma de mostrar
   - F el rango y la distribución de los datos.
   - G la distribución de los datos.
   - (H) las partes de un todo.
   - J cambios en los datos con el tiempo.

9. Una gráfica de dispersión es una buena forma de mostrar
   - A una comparación entre distintos grupos de datos.
   - B la distribución y el rango de los datos.
   - (C) la relación entre dos conjuntos de datos.
   - D las partes de un todo.

10. Una gráfica de mediana y rango es una buena forma de mostrar
   - (F) el rango y la distribución de los datos.
   - G la relación entre dos conjuntos de datos.
   - H datos que cambian con el tiempo.
   - J las partes de un todo.

LESSON 10-1
Problem Solving
Probability

Write the correct answer.

1. To get people to buy more of their product, a company advertises that in selected boxes of their popsicles is a super hero trading card. There is a $\frac{1}{4}$ chance of getting a trading card in a box. What is the probability that there will not be a trading card in the box of popsicles that you buy?

$\frac{3}{4}$

2. The probability of winning a lucky wheel television game show in which 6 preselected numbers are spun on a wheel numbered 1–49 is $\frac{1}{13{,}983{,}816}$ or 0.000007151%. What is the probability that you will not win the game show?

$\frac{13{,}983{,}815}{13{,}983{,}816}$

Based on world statistics, the probability of identical twins is 0.004, while the probability of fraternal twins is 0.023.

3. What is the probability that a person chosen at random from the world will be a twin?

0.027, or 2.7%

4. What is the probability that a person chosen at random from the world will not be a twin?

0.973, or 97.3%

Use the table below that shows the probability of multiple births by country. Choose the letter for the best answer.

Probability of Multiple Births

Country	Probability
Canada	0.012
Japan	0.008
United Kingdom	0.014
United States	0.029
Sweden	0.014
Switzerland	0.013

5. In which country is it most likely to have multiple births?
   - A Japan
   - (B) United States
   - C Sweden
   - D Switzerland

6. In which country is it least likely to have multiple births?
   - (F) Japan
   - G United States
   - H Sweden
   - J Switzerland

7. In which two countries are multiple births equally likely?
   - A United Kingdom, Canada
   - B Canada, Switzerland
   - (C) Sweden, United Kingdom
   - D Japan, United States

LECCIÓN 10-1
Resolución de problemas
Probabilidad

Escribe la respuesta correcta.

1. Para hacer que la gente compre más de sus productos, una compañía anuncia que en determinadas cajas de sus paletas hay una tarjeta coleccionable de un superhéroe. Hay $\frac{1}{4}$ de probabilidades de encontrar una tarjeta coleccionable en una caja. ¿Cuál es la probabilidad de que no haya una tarjeta en la caja de paletas que compres?

$\frac{3}{4}$

2. La probabilidad de ganar en el juego de la rueda de la fortuna de un programa de televisión en el que se hace girar una rueda numerada del 1 al 49 con 6 números preseleccionados es de $\frac{1}{13{,}983{,}816}$ o del 0.000007151%. ¿Cuál es la probabilidad de que no ganes?

$\frac{13{,}983{,}815}{13{,}983{,}816}$

Según estadísticas mundiales, la probabilidad de que nazcan gemelos es de 0.004, mientras que la probabilidad de que nazcan gemelos falsos es de 0.023.

3. ¿Cuál es la probabilidad de que una persona elegida al azar de todo el mundo sea un gemelo?

0.027, ó 2.7%

4. ¿Cuál es la probabilidad de que una persona elegida al azar de todo el mundo no sea un gemelo?

0.973, ó 97.3%

Usa la siguiente tabla, en la que se muestra la probabilidad de nacimientos múltiples por país. Elige la letra de la mejor respuesta.

Probabilidad de nacimientos múltiples

País	Probabilidad
Canadá	0.012
Japón	0.008
Reino Unido	0.014
Estados Unidos	0.029
Suecia	0.014
Suiza	0.013

5. ¿En qué país es más probable que haya nacimientos múltiples?
   - A Japón
   - (B) Estados Unidos
   - C Suecia
   - D Suiza

6. ¿En qué país es menos probable que haya nacimientos múltiples?
   - (F) Japón
   - G Estados Unidos
   - H Suecia
   - J Suiza

7. ¿En qué dos países son igualmente probables los nacimientos múltiples?
   - A Reino Unido, Canadá
   - B Canadá, Suiza
   - (C) Suecia, Reino Unido
   - D Japón, Estados Unidos

LESSON 10-2
Problem Solving
Experimental Probability

Use the table below. Round to the nearest percent. Write the correct answer.

Average Number of Days of Sunshine Per Year for Selected Cities

City	Number of Days
Buffalo, NY	175
Fort Wayne, IN	215
Miami, FL	256
Raleigh, NC	212
Richmond, VA	230

1. Estimate the probability of sunshine in Buffalo, NY.
   48%
2. Estimate the probability of sunshine in Fort Wayne, IN.
   59%
3. Estimate the probability of sunshine in Miami, FL.
   70%
4. Estimate the probability that it will not be sunny in Raleigh, NC.
   42%
5. Estimate the probability that it will not be sunny in Miami, FL.
   30%
6. Estimate the probability of sunshine in Richmond, VA.
   63%

Use the table below that shows the number of deaths and injuries caused by lightning strikes. Choose the letter for the best answer.

States with Most Lightning Deaths

State	Average deaths per year	Average injuries per year	Population
Florida	9.6	32.7	15,982,378
North Carolina	4.6	12.9	8,049,313
Texas	4.6	9.3	20,851,820
New York	3.6	12.5	18,976,457
Tennessee	3.4	9.7	5,689,283

7. Estimate the probability of being injured by a lightning strike in New York.
   A 0.0000007% (C) 0.00007%
   B 0.0000002% D 0.000002%
8. Estimate the probability of being killed by lightning in North Carolina.
   F 0.0000006% H 0.00002%
   (G) 0.00006% J 0.000002%
9. Estimate the probability of being struck by lightning in Florida.
   A 0.00006%
   (B) 0.00026%
   C 0.0000026%
   D 0.0006%
10. In which two states do you have the highest probability of being struck by lightning?
   F Florida, North Carolina
   (G) Florida, Tennessee
   H Texas, New York
   J North Carolina, Tennessee

LECCIÓN 10-2
Resolución de problemas
Probabilidad experimental

Usa la siguiente tabla. Redondea al porcentaje más cercano. Escribe la respuesta correcta.

Cantidad promedio de días soleados por año en determinadas ciudades

Ciudad	Cantidad de días
Buffalo, NY	175
Fort Wayne, IN	215
Miami, FL	256
Raleigh, NC	212
Richmond, VA	230

1. Estima la probabilidad de que el día esté soleado en Buffalo, NY.
   48%
2. Estima la probabilidad de que el día esté soleado en Fort Wayne, IN.
   59%
3. Estima la probabilidad de que el día esté soleado en Miami, FL.
   70%
4. Estima la probabilidad de que el día no esté soleado en Raleigh, NC.
   42%
5. Estima la probabilidad de que el día no esté soleado en Miami, FL.
   30%
6. Estima la probabilidad de que el día esté soleado en Richmond, VA.
   63%

Usa la siguiente tabla, en la que se muestra la cantidad promedio de muertes y lesiones causadas por la caída de rayos. Elige la letra de la mejor respuesta.

Estados con la mayor cantidad de muertes causadas por la caída de rayos

Estado	Muertes por año	Lesiones por año	Población
Florida	9.6	32.7	15,982,378
Carolina del Norte	4.6	12.9	8,049,313
Texas	4.6	9.3	20,851,820
Nueva York	3.6	12.5	18,976,457
Tennessee	3.4	9.7	5,689,283

7. Estima la probabilidad de que un rayo te lesione en Nueva York.
   A 0.0000007% (C) 0.00007%
   B 0.0000002% D 0.000002%
8. Estima la probabilidad de morir al ser alcanzado por un rayo en Carolina del Norte.
   (F) 0.0000006% H 0.00002%
   G 0.00006% J 0.000002%
9. Estima la probabilidad de ser alcanzado por un rayo en Florida.
   (A) 0.00006%
   B 0.00026%
   C 0.0000026%
   D 0.0006%
10. ¿En qué dos estados tienes la mayor probabilidad de ser alcanzado por un rayo?
   F Florida, Carolina del Norte
   (G) Florida, Tennessee
   H Texas, Nueva York
   J Carolina del Norte, Tennessee

LESSON 10-3
Problem Solving
Use a Simulation

Use the table of random numbers below. Use at least 10 trials to simulate each situation. Write the correct answer.

87244	11632	85815	61766
19579	28186	18533	24633
74581	65633	54238	32848
87549	85976	13355	46498
53736	21616	86318	77291
24794	31119	48193	44869
86585	27919	65264	93557
94425	13325	16635	25840
18394	73266	67899	38783
94228	23426	76679	41256

1. Of people 18–24 years of age, 49% do volunteer work. If 10 people ages 18–24 were chosen at random, estimate the probability that at least 4 of them do volunteer work.
   Possible answer: 80%
2. In the 2000 Presidential election, 56% of the population of North Carolina voted for George W. Bush. If 10 people were chosen at random from North Carolina, estimate the probability that at least 8 of them voted for Bush.
   Possible answer: 10%
3. Forty percent of households with televisions watched the 2001 Super Bowl game. If 10 households with televisions are chosen at random, estimate the probability that at least 3 watched the 2001 Super Bowl.
   Possible answer: 90%

Use the table above and at least 10 trials to simulate each situation. Choose the letter for the best estimate.

4. As of August 2000, 42% of U.S. households had Internet access. If 10 households are chosen at random, estimate the probability that at least 5 of them will have Internet access.
   A 0% C 60%
   (B) 30% D 90%
5. On average, there is rain 20% of the days in April in Orlando, FL. Estimate the probability that it will rain at least once during your 7-day vacation in Orlando in April.
   F 20% (H) 70%
   G 50% J 40%
6. Kareem Abdul-Jabaar is the NBA lifetime leader in field goals. During his career, he made 56% of the field goals he attempted. In a given game, estimate the probability that he would make at least 6 out of 10 field goals.
   (A) 40% C 80%
   B 60% D 100%
7. At the University of Virginia 39% of the applicants are accepted. If 10 applicants to the University of Virginia are chosen at random, estimate the probability that at least 4 of them are accepted to the University of Virginia.
   F 10% H 80%
   (G) 40% J 70%

LECCIÓN 10-3
Resolución de problemas
Usar una simulación

Usa la siguiente tabla de números aleatorios. Usa al menos 10 pruebas para simular cada situación. Escribe la respuesta correcta.

87244	11632	85815	61766
19579	28186	18533	24633
74581	65633	54238	32848
87549	85976	13355	46498
53736	21616	86318	77291
24794	31119	48193	44869
86585	27919	65264	93557
94425	13325	16635	25840
18394	73266	67899	38783
94228	23426	76679	41256

1. El 49% de las personas de entre 18 y 24 años de edad hacen trabajo voluntario. Si se eligieran al azar 10 personas de entre 18 y 24 años, estima la probabilidad de que al menos 4 de ellas hagan trabajo voluntario.
   Respuesta posible: 80%
2. En las elecciones presidenciales de 2000, el 56% de la población de Carolina del Norte votó a George W. Bush. Si se eligieran al azar 10 personas de Carolina del Norte, estima la probabilidad de que al menos 8 de ellas hayan votado a Bush.
   Respuesta posible: 10%
3. En el cuarenta por ciento de los hogares en los que hay televisores se miró el Super Bowl de 2001. Si se eligen al azar 10 hogares en los que hay televisores, estima la probabilidad de que al menos en 3 de ellos se haya mirado el Super Bowl de 2001.
   Respuesta posible: 90%

Usa la tabla anterior y al menos 10 pruebas para simular cada situación. Elige la letra de la mejor estimación.

4. Desde agosto de 2000, el 42% de los hogares de Estados Unidos tienen acceso a Internet. Si se eligen al azar 10 hogares, estima la probabilidad de que al menos 5 de ellos tengan acceso a Internet.
   A 0% C 60%
   (B) 30% D 90%
5. En promedio, en Orlando, FL, llueve el 20% de los días del mes de abril. Estima la probabilidad de que llueva al menos una vez durante tus vacaciones de 7 días en Orlando en el mes de abril.
   F 20% (H) 70%
   G 50% J 40%
6. Kareem Abdul-Jabaar es el líder de todos los tiempos de la NBA en canastas de dos puntos. Durante su carrera anotó el 56% de las canastas de dos puntos que intentó. En un partido dado, estima la probabilidad de que anotara al menos 6 de cada 10 intentos de canastas de dos puntos.
   (A) 40% C 80%
   B 60% D 100%
7. En la Universidad de Virginia se acepta el 39% de los aspirantes. Si se eligen al azar 10 aspirantes a la Universidad de Virginia, estima la probabilidad de que al menos 4 de ellos sean aceptados.
   F 10% H 80%
   (G) 40% J 70%

LESSON **10-4**

Problem Solving

Theoretical Probability

A company that sells frozen pizzas is running a promotional special. Out of the next 100,000 boxes of pizza produced, randomly chosen boxes will be prize winners. There will be one grand prize winner who will receive $100,000. Five hundred first prize winners will get $1000, and 3,000 second prize winners will get a free pizza. Write the correct answer in fraction and percent form.

1. What is the probability that the box of pizza you just bought will be a grand prize winner?
   $\frac{1}{100,000}$; 0.001%

2. What is the probability that the box of pizza you just bought will be a first prize winner?
   $\frac{1}{200}$; 0.5%

3. What is the probability that the box of pizza you just bought will be a second prize winner?
   $\frac{3}{100}$; 3%

4. What is the probability that you will win anything with the box of pizza you just bought?
   $\frac{3,501}{100,000}$; 3.501%

Researchers at the National Institutes of Health are recommending that instead of screening all people for certain diseases, they can use a Punnett square to identify the people who are most likely to have the disease. By only screening these people, the cost of screening will be less. Fill in the Punnett square below and use them to choose the letter for the best answer.

	D	d
D	DD	Dd
d	Dd	dd

5. What is the probability of DD?
   A 0% — C 50%
   (B) 25% — D 75%

6. What is the probability of Dd?
   F 25% — H 75%
   (G) 50% — J 100%

7. What is the probability of dd?
   A 0% — C 50%
   (B) 25% — D 75%

8. DD or Dd indicates that the patient will have the disease. What is the probability that the patient will have the disease?
   F 25% — (H) 75%
   G 50% — J 100%

LECCIÓN **10-4**

Resolución de problemas

Probabilidad teórica

Una compañía que vende pizzas congeladas lanza una promoción especial. Entre las próximas 100,000 cajas de pizzas que se produzcan habrá cajas seleccionadas al azar con premios. Habrá un ganador del gran premio que recibirá $100,000. Quinientos ganadores del primer premio recibirán $1000 y 3000 ganadores del segundo premio recibirán una pizza gratis. Escribe la respuesta correcta como una fracción y como un porcentaje.

1. ¿Cuál es la probabilidad de que el gran premio esté en la caja de pizza que acabas de comprar?
   $\frac{1}{100,000}$; 0.001%

2. ¿Cuál es la probabilidad de que haya un primer premio en la caja de pizza que acabas de comprar?
   $\frac{1}{200}$; 0.5%

3. ¿Cuál es la probabilidad de que haya un segundo premio en la caja de pizza que acabas de comprar?
   $\frac{3}{100}$; 3%

4. ¿Cuál es la probabilidad de haya algún premio en la caja de pizza que acabas de comprar?
   $\frac{3,501}{100,000}$; 3.501%

Los investigadores de los Institutos Nacionales de la Salud recomiendan que, en lugar de examinar a todas las personas para ver si tienen ciertas enfermedades, se puede usar un cuadrado de Punnett para identificar a quienes tienen más probabilidades de tener la enfermedad. Al examinar sólo a estas personas, el costo del examen será menor. Completa el siguiente cuadrado de Punnett y úsalo para elegir la letra de la mejor respuesta.

	D	d
D	DD	Dd
d	Dd	dd

5. ¿Cuál es la probabilidad de DD?
   A 0% — C 50%
   (B) 25% — D 75%

6. ¿Cuál es la probabilidad de Dd?
   F 25% — H 75%
   (G) 50% — J 100%

7. ¿Cuál es la probabilidad de dd?
   A 0% — C 50%
   (B) 25% — D 75%

8. DD o Dd indica que el paciente tendrá la enfermedad. ¿Cuál es la probabilidad de que el paciente tenga la enfermedad?
   F 25% — (H) 75%
   G 50% — J 100%

LESSON **10-5**

Problem Solving

Independent and Dependent Events

Are the events independent or dependent? Write the correct answer.

1. Selecting a piece of fruit, then choosing a drink.
   Independent events

2. Buying a CD, then going to another store to buy a video tape if you have enough money left.
   Dependent events

Dr. Fred Hoppe of McMaster University claims that the probability of winning a pick 6 number game where six numbers are drawn from the set 1 through 49 is about the same as getting 24 heads in a row when you flip a fair coin.

3. Find the probability of winning the pick 6 game and the probability of getting 24 heads in a row when you flip a fair coin.
   game: $\frac{1}{13,983,816}$
   Coin: $\frac{1}{16,777,216}$

4. Which is more likely: to win a pick 6 game or to get 24 heads in a row when you flip a fair coin?
   Pick 6 game

In a shipment of 20 computers, 3 are defective. Choose the letter for the best answer.

5. Three computers are randomly selected and tested. What is the probability that all three are defective if the first and second ones are not replaced after being tested?
   A $\frac{1}{760}$ — C $\frac{27}{8000}$
   (B) $\frac{1}{1140}$ — D $\frac{3}{5000}$

6. Three computers are randomly selected and tested. What is the probability that all three are defective if the first and second ones are replaced after being tested?
   F $\frac{1}{760}$ — (H) $\frac{27}{8000}$
   G $\frac{1}{1140}$ — J $\frac{3}{5000}$

7. Three computers are randomly selected and tested. What is the probability that none are defective if the first and second ones are not replaced after being tested?
   (A) $\frac{34}{57}$ — C $\frac{4913}{6840}$
   B $\frac{4913}{8000}$ — D $\frac{1}{2000}$

8. Three computers are randomly selected and tested. What is the probability that none are defective if the first and second ones are replaced after being tested?
   F $\frac{34}{57}$ — H $\frac{4913}{6840}$
   (G) $\frac{4913}{8000}$ — J $\frac{1}{2000}$

LECCIÓN **10-5**

Resolución de problemas

Sucesos independientes y dependientes

Los sucesos, ¿son independientes o dependientes? Escribe la respuesta correcta.

1. Elegir una fruta, luego elegir una bebida.
   Sucesos independientes

2. Comprar un CD, luego ir a otra tienda a comprar una cinta de video si te sobra suficiente dinero.
   Sucesos dependientes

El Dr. Fred Hoppe, de la Universidad McMaster, afirma que la probabilidad de ganar un juego de Súper 6 donde se deben acertar 6 números de un conjunto del 1 al 49 es casi la misma que la probabilidad de lanzar una moneda y obtener cara 24 veces seguidas.

3. Halla la probabilidad de ganar el juego de Súper 6 y la probabilidad de lanzar una moneda justa y obtener cara 24 veces seguidas.
   juego: $\frac{1}{13,983,816}$
   moneda: $\frac{1}{16,777,216}$

4. ¿Qué es más probable: ganar un juego de Súper 6 o lanzar una moneda 24 veces y obtener cara todas las veces?
   Juego Súper 6

En un envío de 20 computadoras, 3 tienen fallas. Elige la letra de la mejor respuesta.

5. Se seleccionan al azar tres computadoras y se prueban. ¿Cuál es la probabilidad de que las tres computadoras tengan fallas si la primera y la segunda no se devuelven al grupo después de probarlas?
   A $\frac{1}{760}$ — C $\frac{27}{8000}$
   (B) $\frac{1}{1140}$ — D $\frac{3}{5000}$

6. Se seleccionan al azar tres computadoras y se prueban. ¿Cuál es la probabilidad de que las tres tengan fallas si la primera y la segunda se devuelven al grupo después de probarlas?
   F $\frac{1}{760}$ — (H) $\frac{27}{8000}$
   G $\frac{1}{1140}$ — J $\frac{3}{5000}$

7. Se seleccionan al azar tres computadoras y se prueban. ¿Cuál es la probabilidad de que ninguna tenga fallas si la primera y la segunda no se devuelven al grupo después de probarlas?
   (A) $\frac{34}{57}$ — C $\frac{4913}{6840}$
   B $\frac{4913}{8000}$ — D $\frac{1}{2000}$

8. Se seleccionan al azar tres computadoras y se prueban. ¿Cuál es la probabilidad de que ninguna tenga fallas si la primera y la segunda se devuelven al grupo después de probarlas?
   F $\frac{34}{57}$ — H $\frac{4913}{6840}$
   (G) $\frac{4913}{8000}$ — J $\frac{1}{2000}$

LESSON 10-6
Problem Solving
Making Decisions and Predictions

Write the correct answer.

1. A quality control inspector at a light bulb factory finds 2 defective bulbs in a batch of 1000 light bulbs. If the plant manufactures 75,000 light bulbs in one day, predict how many will be defective.

   150 defective bulbs

2. A game consists of rolling two fair number cubes labeled 1–6. Add both numbers. Player A wins if the sum is greater than 10. Player B wins if the sum is 7. Is the game fair or not? Explain.

   not fair: $\frac{1}{12} \neq \frac{1}{6}$

3. A spinner has 5 equal sections numbered 1–5. Predict how many times Kevin will spin an even number in 40 spins.

   16 times

4. In her last six 100-meter runs, Lee had the following times in seconds: 12:04, 13:11, 12:25, 11:58, 12:37, and 13:20. Based on these results, what is the best prediction of the number of times Lee will run faster than 13 seconds in her next 30 runs?

   20 times

Use the table below that shows the number of colors of the last 200 T-shirts sold at a T-shirt shop. The manager of the store wants to order 1800 new T-shirts. Choose the letter of the best answer

T-Shirts Sold

Color	Number
Red	35
Blue	55
Green	15
Black	65
White	30

5. How many red T-shirts should the manager order?

   A 175 C 378
   (B) 315 D 630

6. How many blue T-shirts should the manager order?

   (F) 495 H 900
   G 665 J 990

7. How many more black T-shirts than white T-shirts should the manager order?

   A 855 (C) 315
   B 585 D 270

LECCIÓN 10-6
Resolución de problemas
Cómo tomar decisiones y hacer predicciones

Escribe la respuesta correcta.

1. En una fábrica de focos, un inspector de control de calidad halla 2 focos defectuosos en un lote de 1000 focos. Si la planta fabrica 75,000 focos en un día, predice cuántos serán defectuosos.

   150 focos defectuosos

2. Un juego consiste en lanzar dos dados justos rotulados del 1 al 6. Se suman ambos números. El jugador A gana si la suma es mayor que 10. El jugador B gana si la suma es 7. ¿El juego es justo o no? Explica.

   no es justo: $\frac{1}{12} \neq \frac{1}{6}$

3. Una rueda giratoria tiene 5 secciones iguales numeradas del 1 al 5. Predice cuántas veces la rueda caerá en un número par si Kevin la hace girar 40 veces.

   16 veces

4. En sus últimas seis carreras de 100 metros, Lee obtuvo los siguientes tiempos en segundos: 12:04, 13:11, 12:25, 11:58, 12:37 y 13:20.Según estos resultados, ¿cuál es la mejor predicción de la cantidad de veces que Lee tardará menos de 13 segundos en sus próximas 30 carreras?

   20 veces

Usa la siguiente tabla, en la que se muestra la cantidad de colores de las últimas 200 camisetas que se vendieron en una tienda de camisetas. El gerente de la tienda quiere encargar 1800 camisetas nuevas. Elige la letra de la mejor respuesta.

Camisetas vendidas

Color	Cantidad
Rojo	35
Azul	55
Verde	15
Negro	65
Blanco	30

5. ¿Cuántas camisetas rojas debería encargar el gerente?

   A 175 C 378
   (B) 315 D 630

6. ¿Cuántas camisetas azules debería encargar el gerente?

   (F) 495 H 900
   G 665 J 990

7. ¿Cuántas camisetas negras más que blancas debería encargar el gerente?

   A 855 (C) 315
   B 585 D 270

LESSON 10-7
Problem Solving
Odds

In the last 25 Summer Olympics since 1900, an American man has won the gold medal in the 400-meter dash 18 times. Write the correct answer.

1. Find the probability that an American man will win the gold medal in the 400-meter dash in the next Summer Olympics.

   $\frac{18}{25}$

2. Find the probability that an American man will not win the gold medal in the 400-meter dash in the next Summer Olympics.

   $\frac{7}{25}$

3. Find the odds that an American man will win the gold medal in the 400-meter dash in the next Summer Olympics.

   18:7

4. Find the odds that an American man will not win the gold medal in the 400-meter dash in the next Summer Olympics.

   7:18

Use the table below that shows the probability that a player will end up on a certain square after a single roll in a game of Monopoly.

Probability of Ending Up on a Monopoly Square

Square	Probability	Rank
In Jail	$\frac{39}{1000}$	1
Illinois Ave.	$\frac{32}{1000}$	2
Go	$\frac{31}{1000}$	3
Boardwalk	$\frac{26}{1000}$	18
Park Place	$\frac{22}{1000}$	33

5. What are the odds that you will end up in jail on your next roll in a game of Monopoly?

   A 39:1000
   (B) 39:961
   C 1000:961
   D 961:39

6. What are the odds that you will end up on Boardwalk on your next roll in a game of Monopoly?

   A 13:500 (C) 13:487
   B 500:13 D 487:13

7. What are the odds that you will not end up on Boardwalk on your next roll in a game of Monopoly?

   F 487:500 H 13:487
   G 500:487 (J) 487:13

8. What are the odds that you will end up on Go on your next roll in a game of Monopoly?

   (A) 31:969 C 31:1000
   B 969:31 D 1000:31

9. What are the odds that you will not end up on Park Place on your next roll in a game of Monopoly?

   F 11:489 H 489:500
   (G) 489:11 J 500:489

LECCIÓN 10-7
Resolución de problemas
Probabilidades a favor y en contra

En las últimas 25 Olimpíadas de verano desde 1900, un estadounidense ha ganado 18 veces la medalla de oro en los 400 metros planos. Escribe la respuesta correcta.

1. Halla la probabilidad de que un estadounidense gane esta medalla en las próximas Olimpíadas de verano.

   $\frac{18}{25}$

2. Halla la probabilidad de que un estadounidense no gane esta medalla en las próximas Olimpíadas.

   $\frac{7}{25}$

3. Halla las probabilidades a favor y en contra de que un estadounidense gane esta medalla en las próximas Olimpíadas de verano.

   18:7

4. Halla las probabilidades a favor y en contra de que un estadounidense no gane esta medalla en las próximas Olimpíadas.

   7:18

Usa la siguiente tabla, en la que se muestra la probabilidad de que un jugador de Monopoly caiga en un determinado casillero después de un solo tiro.

Casillero	Probabilidad	Posición
Cárcel	$\frac{39}{1000}$	1
Calzada de Tlalpan	$\frac{32}{1000}$	2
Salida	$\frac{31}{1000}$	3
Avenida Insurgentes	$\frac{26}{1000}$	18
Paseo de la Reforma	$\frac{22}{1000}$	33

5. ¿Cuáles son las probabilidades a favor y en contra de caer en el casillero "Cárcel" en tu próximo tiro?

   A 39:1000
   (B) 39:961
   C 1000:961
   D 961:39

6. ¿Cuáles son las probabilidades a favor y en contra de caer en el casillero "Avenida Insurgentes" en tu próximo tiro?

   A 13:500 (C) 13:487
   B 500:13 D 487:13

7. ¿Cuáles son las probabilidades a favor y en contra de no caer en "Avenida Insurgentes" en tu próximo tiro?

   F 487:500 H 13:487
   G 500:487 (J) 487:13

8. ¿Cuáles son las probabilidades a favor y en contra de caer en el casillero "Salida" en tu próximo tiro?

   (A) 31:969 C 31:1000
   B 969:31 D 1000:31

9. ¿Cuáles son las probabilidades a favor y en contra de no caer en "Paseo de la Reforma" en tu próximo tiro?

   F 11:489 H 489:500
   (G) 489:11 J 500:489

LESSON 10-8

Problem Solving

Counting Principles

Write the correct answer.

1. The 5-digit zip code system for United States mail was implemented in 1963. How many different possibilities of zip codes are there with a 5-digit zip code where each digit can be 0 through 9?

   100,000

2. In 1983, the ZIP +4 zip code system was introduced so mail could be more easily sorted by the 5-digit zip code plus an additional 4 digits. How many different possibilities of zip codes are there with the ZIP +4 system?

   1,000,000,000

3. In Canada, each postal code has 6 symbols. The first, third and fifth symbols are letters of the alphabet and the second, fourth and sixth symbols are digits from 0 through 9. How many possible postal codes are there in Canada?

   17,576,000

4. In the United Kingdom the postal code has 6 symbols. The first, second, fifth and sixth are letters of the alphabet and the third and fourth are digits from 0 through 9. How many possible postal codes are there in the United Kingdom?

   45,697,600

Choose the letter for the best answer.

5. In Sharon Springs, Kansas, all of the phone numbers begin 852–4. The only differences in the phone numbers are the last 3 digits. How many possible phone numbers can be assigned using this system?

   A 729　　C 6561
   (B) 1000　　D 10,000

6. Many large cities have run out of phone numbers and so a new area code must be introduced. How many different phone numbers are there in a single area code if the first digit can't be zero?

   F 90,000　　(H) 9,000,000
   G 4,782,969　　J 10,000,000

7. How many different phone numbers are possible using a 3-digit area code and a 7-digit phone number if the first digit of the area code and phone number cannot be zero?

   A 3,486,784,401　　C 9,500,000,000
   (B) 8,100,000,000　　D 10,000,000,000

8. A shipping service offers to send packages by ground delivery using 2 different companies, by next day air using 3 different companies, and by 2-day air using 3 different companies. How many different shipping options does the service offer?

   F 3　　H 10
   (G) 8　　J 18

LECCIÓN 10-8

Resolución de problemas

Principios de conteo

Escribe la respuesta correcta.

1. El sistema de códigos postales de 5 dígitos del correo de Estados Unidos fue implementado en 1963. ¿Cuántas posibilidades distintas de códigos postales hay con un código postal de 5 dígitos donde cada dígito puede ser un número del 0 al 9?

   100,000

2. En 1983 se introdujo en Estados Unidos el sistema de código postal ZIP +4 para poder ordenar el correo más fácilmente usando el código postal de 5 dígitos más 4 dígitos adicionales. ¿Cuántas posibilidades distintas de códigos postales hay con el sistema ZIP +4?

   1,000,000,000

3. En Canadá, cada código postal tiene 6 símbolos. El primero, el tercero y el quinto símbolo son letras del alfabeto y el segundo, el cuarto y el sexto símbolo son dígitos del 0 al 9. ¿Cuántos códigos postales posibles hay en Canadá?

   17,576,000

4. En el Reino Unido, el código postal tiene 6 símbolos. El primero, el segundo, el quinto y el sexto son letras del alfabeto y el tercero y el cuarto son dígitos del 0 al 9. ¿Cuántos códigos postales posibles hay en el Reino Unido?

   45,697,600

Elige la letra de la mejor respuesta.

5. En Sharon Springs, Kansas, todos los números de teléfono empiezan con los números 852–4. Las únicas diferencias en los números de teléfono son los 3 últimos dígitos. ¿Cuántos números de teléfono posibles se pueden asignar usando este sistema?

   A 729　　C 6561
   (B) 1000　　D 10,000

6. Muchas ciudades grandes se han quedado sin números de teléfono, por lo que se debe introducir un nuevo código de área. ¿Cuántos números de teléfono diferentes hay en un solo código de área si el primer dígito no puede ser cero?

   F 90,000　　(H) 9,000,000
   G 4,782,969　　J 10,000,000

7. ¿Cuántos números de teléfono distintos son posibles usando un código de área de 3 dígitos y un número de teléfono de 7 dígitos si el primer dígito del código de área y del número de teléfono no puede ser cero?

   A 3,486,784,401　　C 9,500,000,000
   (B) 8,100,000,000　　D 10,000,000,000

8. Un servicio de envíos ofrece hacer un envío de paquetes por tierra usando dos compañías distintas, un envío aéreo en 24 horas usando 3 compañías distintas y un envío aéreo en 48 horas usando 3 compañías distintas. ¿Cuántas opciones de envíos ofrece el servicio?

   F 3　　H 10
   (G) 8　　J 18

LESSON 10-9

Problem Solving

Permutations and Combinations

Write the correct answer.

1. In a day camp, 6 children are picked to be team captains from the group of children numbered 1 through 49. How many possibilities are there for who could be the 6 captains?

   13,983,816 possibilities

2. If you had to match 6 players in the correct order for most popular outfielder from a pool of professional players numbered 1 through 49, how many possibilities are there?

   10,068,347,520 possibilities

Volleyball tournaments often use pool play to determine which teams will play in the semi-final and championship games. The teams are divided into different pools, and each team must play every other team in the pool. The teams with the best record in pool play advance to the final games.

3. If 12 teams are divided into 2 pools, how many games will be played in each pool?

   15 games

4. If 12 teams are divided into 3 pools, how many pool play games will be played in each pool?

   6 games

A word jumble game gives you a certain number of letters that you must make into a word. Choose the letter for the best answer.

5. How many possibilities are there for a jumble with 4 letters?

   A 4　　(C) 24
   B 12　　D 30

6. How many possibilities are there for a jumble with 5 letters?

   F 24　　(H) 120
   G 75　　J 150

7. How many possibilities are there for a jumble with 6 letters?

   A 120
   B 500
   (C) 720
   D 1000

8. On the Internet, a site offers a program that will un-jumble letters and give you all of the possible words that can be made with those letters. However, the program will not allow you to enter more than 7 letters due to the amount of time it would take to analyze. How many more possibilities are there with 8 letters than with 7?

   F 5040　　G 20,640
   (H) 35,280　　J 40,320

LECCIÓN 10-9

Resolución de problemas

Permutaciones y combinaciones

Escribe la respuesta correcta.

1. En un campamento se eligen 6 capitanes de un grupo integrado por chicos numerados del 1 al 49. ¿Cuántas posibilidades hay para quienes podrían ser los 6 capitanes?

   13,983,816 posibilidades

2. Si de un grupo de jugadores profesionales con números del 1 al 49 tuvieras que elegir a 6 en el orden correcto para elegir al jardinero más popular, ¿cuántas posibilidades habría?

   10,068,347,520 posibilidades

En los torneos de vóleibol generalmente se usa el juego por grupos para determinar qué equipo va a jugar en los partidos de las semifinales y del campeonato. Los equipos se dividen en diferentes grupos, y cada equipo debe jugar contra todos los equipos del grupo. Los equipos con el mejor resultado en el juego por grupos pasan a los partidos finales.

3. Si 12 equipos están divididos en 2 grupos, ¿cuántos partidos se jugarán en cada grupo?

   15 partidos

4. Si 12 equipos están divididos en 3 grupos, ¿cuántos partidos se jugarán en cada grupo?

   6 partidos

Un anagrama te da cierta cantidad de letras con las que debes formar una palabra. Elige la letra de la mejor respuesta.

5. ¿Cuántas posibilidades hay para un anagrama de 4 letras?

   A 4　　(C) 24
   B 12　　D 30

6. ¿Cuántas posibilidades hay para un anagrama de 5 letras?

   F 24　　(H) 120
   G 75　　J 150

7. ¿Cuántas posibilidades hay para un anagrama de 6 letras?

   A 120
   B 500
   (C) 720
   D 1000

8. En Internet, un sitio ofrece un programa que ordena las letras y te da todas las palabras posibles que se pueden formar con esas letras. Sin embargo, el programa no te permite ingresar más de 7 letras debido al tiempo que tardaría en analizarlas. ¿Cuántas posibilidades más hay con 8 letras que con 7?

   F 5040　　G 20,640
   (H) 35,280　　J 40,320

LESSON 11-1 Problem Solving
Simplifying Algebraic Expressions

Write the correct answer.

1. An item costs x dollars. The tax rate is 5% of the cost of the item, or $0.05x$. Write and simplify an expression to find the total cost of the item with tax.

   $x + 0.05x$; $1.05x$

2. A sweater costs d dollars at regular price. The sweater is reduced by 20%, or $0.2d$. Write and simplify an expression to find the cost of the sweater before tax.

   $d - 0.2d$; $0.8d$

3. Consecutive integers are integers that differ by one. You can represent consecutive integers as x, $x + 1$, $x + 2$ and so on. Write an equation and solve to find three consecutive integers whose sum is 33.

   10, 11, 12

4. Consecutive even integers can be represented by x, $x + 2$, $x + 4$ and so on. Write an equation and solve to find three consecutive even integers whose sum is 54.

   16, 18, 20

Choose the letter for the best answer.

5. In Super Bowl XXXV, the total number of points scored was 41. The winning team outscored the losing team by 27 points. What was the final score of the game?
   - A 33 to 8
   - (B) 34 to 7
   - C 22 to 2
   - D 18 to 6

6. A high school basketball court is 34 feet longer than it is wide. If the perimeter of the court is 268, what are the dimensions of the court?
   - F 234 ft by 34 ft
   - G 67 ft by 67 ft
   - H 70 ft by 36 ft
   - (J) 84 ft by 50 ft

7. Julia ordered 2 hamburgers and Steven ordered 3 hamburgers. If their total bill before tax was $7.50, how much did each hamburger cost?
   - (A) $1.50
   - B $1.25
   - C $1.15
   - D $1.02

8. On three tests, a student scored a total of 258 points. If the student improved his performance on each test by 5 points, what was the score on each test?
   - (F) 81, 86, 91
   - G 80, 85, 90
   - H 75, 80, 85
   - J 70, 75, 80

LECCIÓN 11-1 Resolución de problemas
Cómo simplificar expresiones algebraicas

Escribe la respuesta correcta.

1. Un artículo cuesta x dólares. La tasa del impuesto es 5% del costo del artículo, ó $0.05x$. Escribe y simplifica una expresión para hallar el costo total del artículo con impuestos.

   $x + 0.05x$; $1.05x$

2. El precio habitual de un suéter es d dólares. El precio del suéter se reduce un 20%, ó $0.2d$. Escribe y simplifica una expresión para hallar el costo total del suéter sin impuestos.

   $d - 0.2d$; $0.8d$

3. Los números enteros consecutivos son enteros que tienen una diferencia de uno. Puedes representar los números enteros consecutivos como x, $x + 1$, $x + 2$ y así sucesivamente. Escribe y resuelve una ecuación para hallar tres números enteros consecutivos cuya suma sea 33.

   10, 11, 12

4. Los números enteros consecutivos pares se pueden representar como x, $x + 2$, $x + 4$ y así sucesivamente. Escribe y resuelve una ecuación para hallar tres números enteros consecutivos pares cuya suma sea 54.

   16, 18, 20

Elige la letra de la mejor respuesta.

5. En el Super Bowl XXXV, la cantidad total de tantos que se anotaron fue 41. El equipo ganador anotó 27 tantos más que el equipo perdedor. ¿Cuál fue el resultado final del partido?
   - A 33 a 8
   - (B) 34 a 7
   - C 22 a 2
   - D 18 a 6

6. La cancha de básquetbol de una escuela superior mide 34 pies más de largo que de ancho. Si el perímetro de la cancha mide 268, ¿cuáles son sus dimensiones?
   - F 234 pies por 34 pies
   - G 67 pies por 67 pies
   - H 70 pies por 36 pies
   - (J) 84 pies por 50 pies

7. Julia pidió 2 hamburguesas y Steven pidió 3. Si el total de la cuenta sin impuestos fue $7.50, ¿cuánto costó cada hamburguesa?
   - (A) $1.50
   - B $1.25
   - C $1.15
   - D $1.02

8. En tres exámenes, un estudiante obtuvo un total de 258 puntos. Si en cada examen el estudiante mejoró su rendimiento 5 puntos, ¿cuál fue el puntaje de cada examen?
   - (F) 81, 86, 91
   - G 80, 85, 90
   - H 75, 80, 85
   - J 70, 75, 80

LESSON 11-2 Problem Solving
Solving Multi-Step Equations

A taxi company charges $2.25 for the first mile and then $0.20 per mile for each mile after the first, or $F = \$2.25 + \$0.20(m - 1)$ where F is the fare and m is the number of miles.

1. If Juan's taxi fare was $6.05, how many miles did he travel in the taxi?

   20 miles

2. If Juan's taxi fare was $7.65, how many miles did he travel in the taxi?

   28 miles

A new car loses 20% of its original value when you buy it and then 8% of its original value per year, or $D = 0.8V - 0.08Vy$ where D is the value after y years with an original value V.

3. If a vehicle that was valued at $20,000 new is now worth $9,600, how old is the car?

   4 years

4. A 6-year old vehicle is worth $12,000. What was the original value of the car?

   $37,500

The equation used to estimate typing speed is $S = \frac{1}{5}(w - 10e)$, where S is the accurate typing speed, w is the number of words typed in 5 minutes and e is the number of errors. Choose the letter of the best answer.

5. Jane can type 55 words per minute (wpm). In 5 minutes, she types 285 words. How many errors would you expect her to make?
   - A 0
   - (B) 1
   - C 2
   - D 5

6. If Alex types 300 words in 5 minutes with 5 errors, what is his typing speed?
   - F 48 wpm
   - (G) 50 wpm
   - H 59 wpm
   - J 60 wpm

7. Johanna receives a report that says her typing speed is 65 words per minute. She knows that she made 4 errors in the 5-minute test. How many words did she type in 5 minutes?
   - A 285
   - B 329
   - (C) 365
   - D 1825

8. Cecil can type 35 words per minute. In 5 minutes, she types 255 words. How many errors would you expect her to make?
   - F 2
   - G 4
   - H 6
   - (J) 8

LECCIÓN 11-2 Resolución de problemas
Cómo resolver ecuaciones de varios pasos

Una compañía de taxis cobra $2.25 la primera milla y $0.20 cada milla después de la primera, o $T = \$2.25 + \$0.20(m - 1)$ donde T es la tarifa y m es la cantidad de millas.

1. Si la tarifa del taxi de Juan fue $6.05, ¿cuántas millas recorrió en el taxi?

   20 millas

2. Si la tarifa del taxi de Juan fue $7.65, ¿cuántas millas recorrió en el taxi?

   28 millas

Un automóvil nuevo pierde 20% de su valor original cuando uno lo compra y luego 8% de su valor original por año, o $D = 0.8V - 0.08Va$, donde D es el valor después de a años con un valor original V.

3. Si un vehículo valía $20,000 nuevo y ahora vale $9,600, ¿cuántos años tiene el automóvil?

   4 años

4. Un vehículo de 6 años vale $12,000. ¿Cuál era el valor original del automóvil?

   $37,500

La ecuación que se usa para estimar la velocidad de tipeo es $V = \frac{1}{5}(p - 10e)$, donde V es la velocidad de tipeo preciso, p es la cantidad de palabras que se tipean en 5 minutos y e es la cantidad de errores. Elige la letra de la mejor respuesta.

5. Jane tipea 55 palabras por minuto (ppm). En 5 minutos, tipea 285 palabras. ¿Cuántos errores esperarías que cometa?
   - A 0
   - (B) 1
   - C 2
   - D 5

6. Si Alex tipea 300 palabras en 5 minutos y comete 5 errores, ¿cuál es su velocidad de tipeo?
   - F 48 ppm
   - (G) 50 ppm
   - H 59 ppm
   - J 60 ppm

7. Johanna recibe un informe que dice que su velocidad de tipeo es 65 palabras por minuto. Ella sabe que cometió 4 errores en la prueba de 5 minutos. ¿Cuántas palabras tipeó en 5 minutos?
   - A 285
   - B 329
   - (C) 365
   - D 1825

8. Cecil tipea 35 palabras por minuto. En 5 minutos tipea 255 palabras. ¿Cuántos errores esperarías que cometa?
   - F 2
   - G 4
   - H 6
   - (J) 8

LESSON **11-3**

Problem Solving

Solving Equations with Variables on Both Sides

The chart below describes three long-distance calling plans. Round to the nearest minute. Write the correct answer.

Long-Distance Plans

Plan	Monthly Access Fee	Charge per minute
A	\$3.95	\$0.08
B	\$8.95	\$0.06
C	\$0	\$0.10

1. For what number of minutes will plan A and plan B cost the same?

   250 minutes

2. For what number of minutes per month will plan B and plan C cost the same?

   224 minutes

3. For what number of minutes will plan A and plan C cost the same?

   198 minutes

Choose the letter for the best answer.

4. Carpet Plus installs carpet for \$100 plus \$8 per square yard of carpet. Carpet World charges \$75 for installation and \$10 per square yard of carpet. Find the number of square yards of carpet for which the cost including carpet and installation is the same.
   - A 1.4 yd^2
   - B 9.7 yd^2
   - (C) 12.5 yd^2
   - D 87.5 yd^2

5. One shuttle service charges \$10 for pickup and \$0.10 per mile. The other shuttle service has no pickup fee but charges \$0.35 per mile. Find the number of miles for which the cost of the shuttle services is the same.
   - F 2.5 miles
   - G 22 miles
   - (H) 40 miles
   - J 48 miles

6. Joshua can purchase tile at one store for \$0.99 per tile, but he will have to rent a tile saw for \$25. At another store he can buy tile for \$1.50 per tile and borrow a tile saw for free. Find the number of tiles for which the cost is the same. Round to the nearest tile.
   - A 10 tiles
   - B 13 tiles
   - C 25 tiles
   - (D) 49 tiles

7. One plumber charges a fee of \$75 per service call plus \$15 per hour. Another plumber has no flat fee, but charges \$25 per hour. Find the number of hours for which the cost of the two plumbers is the same.
   - F 2.1 hours
   - G 7 hours
   - (H) 7.5 hours
   - J 7.8 hours

LECCIÓN **11-3**

Resolución de problemas

Cómo resolver ecuaciones con variables en ambos lados

En la siguiente tabla se describen tres planes de llamadas de larga distancia. Redondea al minuto más cercano. Escribe la respuesta correcta.

Planes de larga distancia

Plan	Tarifa de acceso mensual	Precio por minuto
A	\$3.95	\$0.08
B	\$8.95	\$0.06
C	\$0	\$0.10

1. ¿Para qué cantidad de minutos costarán lo mismo el plan A y el plan B?

   250 minutos

2. ¿Para qué cantidad de minutos por mes costarán lo mismo el plan B y el plan C?

   224 minutos

3. ¿Para qué cantidad de minutos costarán lo mismo el plan A y el plan C ?

   198 minutos

Elige la letra de la mejor respuesta.

4. Alfombras Plus instala alfombras a \$100 más \$8 por yarda cuadrada de alfombra. El Mundo de las Alfombras cobra \$75 por la instalación y \$10 por yarda cuadrada de alfombra. Halla la cantidad de yardas cuadradas de alfombra para las que el costo, incluyendo la alfombra y la instalación, sería el mismo.
   - A 1.4 yd^2
   - B 9.7 yd^2
   - (C) 12.5 yd^2
   - D 87.5 yd^2

5. Un servicio de puerta a puerta cobra \$10 por recoger los paquetes y \$0.10 por milla. El otro servicio de puerta a puerta no tiene tarifa por recoger los paquetes pero cobra \$0.35 por milla. Halla la cantidad de millas para las que el costo de los servicios de puerta a puerta sería el mismo.
   - F 2.5 millas
   - G 22 millas
   - (H) 40 millas
   - J 48 millas

6. Joshua puede comprar baldosas en una tienda a \$0.99 por baldosa, pero va a tener que alquilar una sierra para baldosas a \$25. En otra tienda puede comprar baldosas a \$1.50 por baldosa y pedir prestada una sierra sin cargo. Halla la cantidad de baldosas para las que el costo sería el mismo. Redondea a la baldosa más cercana.
   - A 10 baldosas
   - B 13 baldosas
   - C 25 baldosas
   - (D) 49 baldosas

7. Un plomero cobra una tarifa de \$75 por visita más \$15 por hora. Otro plomero no tiene una tarifa fija pero cobra \$25 por hora. Halla la cantidad de horas para las que el costo de los dos plomeros sería el mismo.
   - F 2.1 horas
   - G 7 horas
   - (H) 7.5 horas
   - J 7.8 horas

LESSON **11-4**

Problem Solving

Solving Inequalities by Multiplying or Dividing

Write the correct answer

1. A bottle contains at least 4 times as much juice as a glass contains. The bottle contains 32 fluid ounces. Write an inequality that shows this relationship.

   $4x \leq 32$

2. Solve the inequality in Exercise 1. What is the greatest amount the glass could contain?

   $x \leq 8$; 8 fluid ounces

3. In the triple jump, Katrina jumped less than one-third the distance that Paula jumped. Katrina jumped 5 ft 6 in. Write an inequality that shows this relationship.

   $\frac{x}{3} > 66$

4. Solve the inequality in Exercise 3. How far could Paula could have jumped?

   $x > 198$; more than 198 in., or 16 ft 6 in.

Choose the letter for the best answer.

5. Melinda earned at least 3 times as much money this month as last month. She earned \$567 this month. Which inequality shows this relationship?
   - A $567 < x$
   - B $567 < 3x$
   - C $567 > 3x$
   - (D) $567 \geq 3x$

6. The shallow end of a pool is less than one-quarter as deep as the deep end. The shallow end is 3 feet deep. Which inequality shows this relationship?
   - F $4 > 3x$
   - G $4x < 3$
   - (H) $\frac{x}{4} > 3$
   - J $\frac{x}{4} < 3$

7. Arthur worked in the garden more than half as long as his brother. Arthur worked 6 hours in the garden. How long did his brother work in the garden?
   - A less than 3 hours
   - B 3 hours
   - (C) less than 12 hours
   - D more than 12 hours

8. The distance from Bill's house to the library is no more than 5 times the distance from his house to the park. If Bill's house is 10 miles from the library, what is the greatest distance his house could be from the park?
   - (F) 2 miles
   - G more than 2 miles
   - H 20 miles
   - J less than 20 miles

LECCIÓN **11-4**

Resolución de problemas

Cómo resolver desigualdades mediante la multiplicación o la división

Escribe la respuesta correcta.

1. Una botella de jugo contiene al menos 4 veces la cantidad que contiene un vaso. La botella contiene 32 onzas líquidas. Escribe una desigualdad que muestre esta relación.

   $4x \leq 32$

2. Resuelve la desigualdad del Ejercicio 1. ¿Cuál es la cantidad máxima que podría contener el vaso?

   $x \leq 8$; 8 onzas líquidas

3. En el triple salto, Katrina saltó menos de un tercio de la distancia que saltó Paula. Katrina saltó 5 pies 6 pulg. Escribe una desigualdad que muestre esta relación.

   $\frac{x}{3} > 66$

4. Resuelve la desigualdad del Ejercicio 3. ¿Qué distancia podría haber saltado Paula?

   $x > 198$; más de 198 pulg, ó 16 pies 6 pulg

Elige la letra de la mejor respuesta.

5. Este mes, Melinda ganó al menos 3 veces más dinero que el mes pasado. Este mes ganó \$567. ¿Qué desigualdad muestra esta relación?
   - A $567 < x$
   - B $567 < 3x$
   - C $567 > 3x$
   - (D) $567 \geq 3x$

6. La parte playa de una alberca tiene menos de un cuarto de la profundidad de la parte honda. La parte playa tiene 3 pies de profundidad. ¿Qué desigualdad muestra esta relación?
   - F $4 > 3x$
   - G $4x < 3$
   - (H) $\frac{x}{4} > 3$
   - J $\frac{x}{4} < 3$

7. Arthur trabajó en el jardín más de la mitad de lo que trabajó su hermano. Arthur trabajó 6 horas en el jardín. ¿Cuánto tiempo trabajó su hermano?
   - A menos de 3 horas
   - B 3 horas
   - (C) menos de 12 horas
   - D más de 12 horas

8. La distancia desde la casa de Bill hasta la biblioteca es no más de cinco veces la distancia que hay desde su casa hasta el parque. Si la casa de Bill está a 10 millas de la biblioteca, ¿cuál es la distancia máxima que podría haber entre su casa y el parque?
   - (F) 2 millas
   - G más de 2 millas
   - H 20 millas
   - J menos de 20 millas

LESSON 11-5

Problem Solving

Solving Two-Step Inequalities

A school club is selling printed T-shirts to raise $650 for a trip. The table shows the profit they will make on each shirt after they pay the cost of production.

Shirt	Profit
50/50	$5.50
100% cotton	$7.82

1. Suppose the club already has $150, at least how many 50/50 shirts must they sell to make enough money for the trip?

   91 shirts

2. Suppose the club already has $100, but it plans to spend $50 on advertising. At least how many 100% cotton shirts must they sell to make enough money for the trip?

   77 shirts

3. Suppose the club sold thirty 50/50 shirts on the first day of sales. At least how many more 50/50 shirts must they sell to make enough money for the trip?

   89 shirts

For Exercises 4–5, use this equation to estimate typing speed, $S = \frac{w}{5} - 2e$, where S is the accurate typing speed, w is the number of words typed in 5 minutes, and e is the number of errors. Choose the letter for the best answer.

4. One of the qualifications for a job is a typing speed of at least 65 words per minute. If Jordan knows that she will be able to type 350 words in five minutes, what is the maximum number of errors she can make?

   A 0   C 3
   (B) 2   D 4

5. Tanner usually makes 3 errors every 5 minutes when he is typing. If his goal is an accurate typing speed of at least 55 words per minute, how many words does he have to be able to type in 5 minutes?

   F 61 words   (H) 305 words
   G 300 words   J 325 words

6. A taxi charges $2.05 per ride and $0.20 for each mile, which can be written as $F = \$2.05 + \$0.20m$. How many miles can you travel in the cab and have the fare be less than $10?

   A 15   (C) 39
   B 25   D 43

7. Celia's long distance company charges $5.95 per month plus $0.06 per minute. If Celia has budgeted $30 for long distance, what is the maximum number of minutes she can call long distance per month?

   F 375 minutes   H 405 minutes
   (G) 400 minutes   J 420 minutes

LECCIÓN 11-5

Resolución de problemas

Cómo resolver desigualdades de dos pasos

Un club escolar está vendiendo camisetas estampadas para recaudar $650 para un viaje. En la tabla se muestran las ganancias que obtendrán por cada camiseta después de que paguen los costos de producción.

Camiseta	Ganancia
50/50	$5.50
100% algodón	$7.82

1. Supongamos que el club ya tiene $150, ¿cuántas camisetas 50/50 deben vender como mínimo para ganar el dinero suficiente para el viaje?

   91 camisetas

2. Supongamos que el club ya tiene $100 pero piensa gastar $50 en publicidad. ¿Cuántas camisetas 100% algodón deben vender como mínimo para ganar el dinero suficiente para el viaje?

   77 camisetas

3. Supongamos que el club vendió treinta camisetas 50/50 el primer día de venta. ¿Cuántas camisetas 50/50 más deben vender como mínimo para reunir el dinero suficiente para el viaje?

   89 camisetas

Para los ejercicios 4 y 5, usa esta ecuación para estimar la velocidad de tipeo: $V = \frac{p}{5} - 2e$, donde V es la velocidad de tipeo preciso, p es la cantidad de palabras que se tipean en 5 minutos y e es la cantidad de errores. Elige la letra de la mejor respuesta.

4. Uno de los requisitos para un empleo es una velocidad de tipeo de, al menos, 65 palabras por minuto. Si Jordan sabe que logrará tipear 350 palabras en cinco minutos, ¿cuál es la cantidad máxima de errores que puede cometer?

   A 0   C 3
   (B) 2   D 4

5. Cuando escribe a máquina, Tanner generalmente comete 3 errores cada 5 minutos. Si su objetivo es lograr una velocidad de tipeo preciso de al menos 55 palabras por minuto, ¿cuántas palabras debe poder tipear en 5 minutos?

   F 61 palabras   (H) 305 palabras
   G 300 palabras   J 325 palabras

6. Un taxi cobra $2.05 por viaje y $0.20 por cada milla, lo que se puede escribir como $T = \$2.05 + \$0.20m$. ¿Cuántas millas puedes recorrer en el taxi por una tarifa menor que $10?

   A 15   (C) 39
   B 25   D 43

7. La compañía de larga distancia de Celia cobra $5.95 por mes más $0.06 por minuto. Si el presupuesto de Celia para llamadas de larga distancia es $30, ¿cuál es la máxima cantidad de minutos por mes que Celia puede usar para llamadas de larga distancia?

   F 375 minutos   H 405 minutos
   (G) 400 minutos   J 420 minutos

LESSON 11-6

Problem Solving

Systems of Equations

After college, Julia is offered two different jobs. The table summarizes the pay offered with each job. Write the correct answer.

Job	Yearly Salary	Yearly Increase
A	$20,000	$2500
B	$25,000	$2000

1. Write an equation that shows the pay y of Job A after x years.

   $y = 20{,}000 + 2500x$

2. Write an equation that shows the pay y of Job B after x years.

   $y = 25{,}000 + 2000x$

3. Is (8, 35,000) a solution to the system of equations in Exercises 1 and 2?

   no

4. Solve the system of equations in Exercises 1 and 2.

   (10, 45,000)

5. If Julia plans to stay at this job only a few years and pay is the only consideration, which job should she choose?

   Job B

A travel agency is offering two Orlando trip plans that include hotel accommodations and pairs of tickets to theme parks. Use the table below. Choose the letter for the best answer.

Trip	Number of nights	Pairs of theme park tickets	Cost
A	3	2	$415
B	5	4	$725

6. Find an equation about trip A where x represents the hotel cost per night and y represents the cost per pair of theme park tickets.

   A $5x + 2y = 415$ C $8x + 6y = 415$
   B $2x + 3y = 415$ (D) $3x + 2y = 415$

7. Find an equation about trip B where x represents the hotel cost per night and y represents the cost per pair of theme park tickets.

   (F) $5x + 4y = 725$
   G $4x + 5y = 725$
   H $8x + 6y = 725$
   J $3x + 4y = 725$

8. Solve the system of equations to find the nightly hotel cost and the cost for each pair of theme park tickets.

   A ($50, $105)
   B ($125 $20)
   (C) ($105, $50)
   D ($115, $35)

LECCIÓN 11-6

Resolución de problemas

Sistemas de ecuaciones

Después de la universidad, a Julia le ofrecen dos empleos. En la tabla se muestran los sueldos que le ofrecen en cada empleo. Escribe la respuesta correcta.

Empleo	Sueldo anual	Aumento anual
A	$20,000	$2500
B	$25,000	$2000

1. Escribe una ecuación que muestre el sueldo y del Empleo A después de x años.

   $y = 20{,}000 + 2500x$

2. Escribe una ecuación que muestre el sueldo y del Empleo B después de x años.

   $y = 25{,}000 + 2000x$

3. ¿(8, 35,000) es la solución del sistema de ecuaciones de los Ejercicios 1 y 2?

   no

4. Resuelve el sistema de ecuaciones de los Ejercicios 1 y 2.

   (10, 45,000)

5. Si Julia piensa permanecer en este empleo sólo por unos años y lo único que tiene en cuenta es el sueldo, ¿qué empleo debería elegir?

   El empleo B

Una agencia de viajes está ofreciendo dos programas de viaje a Orlando que incluyen hospedaje en un hotel y pares de entradas para parques temáticos. Usa la siguiente tabla. Elige la letra de la mejor respuesta.

Viaje	Cantidad de noches	Pares de entradas para los parques temáticos	Costo
A	3	2	$415
B	5	4	$725

6. Halla una ecuación sobre el viaje A donde x representa el costo del hotel por noche e y representa el costo por par de entradas para los parques temáticos.

   A $5x + 2y = 415$ C $8x + 6y = 415$
   B $2x + 3y = 415$ (D) $3x + 2y = 415$

7. Halla una ecuación sobre el viaje B donde x representa el costo del hotel por noche e y representa el costo por par de entradas para los parques temáticos.

   (F) $5x + 4y = 725$
   G $4x + 5y = 725$
   H $8x + 6y = 725$
   J $3x + 4y = 725$

8. Resuelve el sistema de ecuaciones para hallar el costo del hotel por noche y el costo de cada par de entradas para los parques temáticos.

   A ($50, $105)
   B ($125 $20)
   (C) ($105, $50)
   D ($115, $35)

LESSON **12-1**

Problem Solving

Graphing Linear Equations

Write the correct answer.

1. The distance in feet traveled by a falling object is found by the formula $d = 16t^2$ where d is the distance in feet and t is the time in seconds. Graph the equation. Is the equation linear?

   The equation is not linear.

2. The formula that relates Celsius to Fahrenheit is $F = \frac{9}{5}C + 32$. Graph the equation. Is the equation linear?

   The equation is linear.

Wind chill is the temperature that the air feels like with the effect of the wind. The graph below shows the wind chill equation for a wind speed of 25 mph. For Exercises 3–6, refer to the graph.

3. If the temperature is 40° with a 25 mph wind, what is the wind chill?

   A 6°   (C) 29°
   B 20°   D 40°

4. If the temperature is 20° with a 25 mph wind, what is the wind chill?

   (F) 3°   H 13°
   G 10°   J 20°

5. If the temperature is 0° with a 25 mph wind, what is the wind chill?

   A −30°   C −15°
   (B) −24°   D 0°

6. If the wind chill is 10° and there is a 25 mph wind, what is the actual temperature?

   F −11°   H 15°
   G 0°   (J) 25°

LECCIÓN **12-1**

Resolución de problemas

Cómo representar gráficamente ecuaciones lineales

Escribe la respuesta correcta.

1. La distancia en pies que recorre un objeto en caída se halla con la fórmula $d = 16t^2$, donde d es la distancia en pies y t es el tiempo en segundos. Representa gráficamente la ecuación. ¿Es una ecuación lineal?

   La ecuación no es lineal.

2. La fórmula que relaciona Celsius con Fahrenheit es $F = \frac{9}{5}C + 32$. Representa gráficamente la ecuación. ¿Es una ecuación lineal?

   La ecuación es lineal.

La sensación térmica es la temperatura a la que se siente el aire por efecto del viento. En la siguiente gráfica, se muestra la ecuación de la sensación térmica para una velocidad del viento de 25 mph. Consulta la gráfica para los Ejercicios 3 al 6.

3. Si la temperatura es 40° y la velocidad del viento es 25 mph, ¿cuál es la sensación térmica?

   A 6°   (C) 29°
   B 20°   D 40°

4. Si la temperatura es 20° y la velocidad del viento es 25 mph ¿cuál es la sensación térmica?

   (F) 3°   H 13°
   G 10°   J 20°

5. Si la temperatura es 0° y la velocidad del viento es 25 mph, ¿cuál es la sensación térmica?

   A −30°   C −15°
   (B) −24°   D 0°

6. Si la sensación térmica es 10° y la velocidad del viento es 25 mph, ¿cuál es la temperatura real?

   F −11°   H 15°
   G 0°   (J) 25°

LESSON **12-2**

Problem Solving

Slope of a Line

Write the correct answer.

1. The state of Kansas has a fairly steady slope from the east to the west. At the eastern side, the elevation is 771 ft. At the western edge, 413 miles across the state, the elevation is 4039 ft. What is the approximate slope of Kansas?

   −0.0015

2. The Feathered Serpent Pyramid in Teotihuacan, Mexico, has a square base. From the center of the base to the center of an edge of the pyramid is 32.5 m. The pyramid is 19.4 m high. What is the slope of each face of the pyramid?

   $\frac{19.4}{32.5}$

3. On a highway, a 6% grade means a slope of 0.06. If a highway covers a horizontal distance of 0.5 miles and the elevation change is 184.8 feet, what is the grade of the road? (Hint: 5280 feet = 1 mile.)

   7%

4. The roof of a house rises vertically 3 feet for every 12 feet of horizontal distance. What is the slope, or pitch of the roof?

   $\frac{1}{4}$

Use the graph for Exercises 5–8.

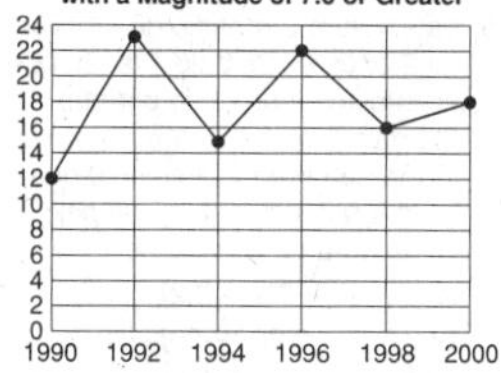

5. Find the slope of the line between 1990 and 1992.

   A $\frac{2}{11}$ (C) $\frac{11}{2}$
   B $\frac{35}{3982}$ D $\frac{11}{1992}$

6. Find the slope of the line between 1994 and 1996.

   (F) $\frac{7}{2}$ H $\frac{2}{7}$
   G $\frac{37}{3990}$ J $\frac{7}{1996}$

7. Find the slope of the line between 1998 and 2000.

   (A) 1
   B $\frac{1}{999}$
   C $\frac{1}{1000}$
   D 2

8. What does it mean when the slope is negative?

   F The number of earthquakes stayed the same.
   G The number of earthquakes increased.
   (H) The number of earthquakes decreased.
   J It means nothing.

LECCIÓN **12-2**

Resolución de problemas

Pendiente de una línea

Escribe la respuesta correcta.

1. El estado de Kansas tiene una pendiente bastante estable de este a oeste. En el sector este, la elevación es 771 pies. En el sector oeste, a 413 millas, la elevación es 4039 pies. ¿Cuál es la pendiente aproximada de Kansas?

   −0.0015

2. Una pirámide tiene una base cuadrada. Desde el centro de la base hasta el centro de una de las aristas de la pirámide hay 32.5 m. La pirámide mide 19.4 m de altura. ¿Cuál es la pendiente de cada cara?

   $\frac{19.4}{32.5}$

3. En una carretera, una cuesta de 6% quiere decir una pendiente de 0.06. Si una carretera cubre una distancia horizontal de 0.5 millas y el cambio de elevación es 184.8 pies, ¿cuál es la cuesta de la carretera? (Pista: 5280 pies = 1 milla.)

   7%

4. El techo de una casa se eleva verticalmente 3 pies por cada 12 pies de distancia horizontal. ¿Cuál es la pendiente, o grado de inclinación, del techo?

   $\frac{1}{4}$

Usa la gráfica para los Ejercicios 5 al 8.

5. Halla la pendiente de la línea entre 1990 y 1992.

   A $\frac{2}{11}$ (C) $\frac{11}{2}$
   B $\frac{35}{3982}$ D $\frac{11}{1992}$

6. Halla la pendiente de la línea entre 1994 y 1996.

   (F) $\frac{7}{2}$ H $\frac{2}{7}$
   G $\frac{37}{3990}$ J $\frac{7}{1996}$

7. Halla la pendiente de la línea entre 1998 y 2000.

   (A) 1
   B $\frac{1}{999}$
   C $\frac{1}{1000}$
   D 2

8. ¿Qué significa que la pendiente sea negativa?

   F La cantidad de terremotos se mantuvo igual.
   G La cantidad de terremotos aumentó.
   (H) La cantidad de terremotos disminuyó.
   J No significa nada.

LESSON **12-3**

Problem Solving

Using Slopes and Intercepts

Write the correct answer.

1. Jaime purchased a $20 bus pass. Each time she rides the bus, $1.25 is deducted from the pass. The linear equation $y = -1.25x + 20$ represents the amount of money on the bus pass after x rides. Identify the slope and the x- and y-intercepts. Graph the equation at the right.

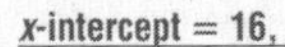

x-intercept = 16,

y-intercept = 20, slope = −1.25

2. The rent charged for space in an office building is related to the size of the space rented. The rent for 600 square feet of floor space is $750, while the rent for 900 square feet is $1150. Write an equation for the rent y based on the square footage of the floor space x.

$y = \frac{4}{3}x - 50$

Choose the letter of the correct answer.

3. A limousine charges $35 plus $2 per mile. Which equation shows the total cost of a ride in the limousine?
   A $y = 35x + 2$ C $y = 2x - 35$
   (B) $y = 2x + 35$ D $2x + 35y = 2$

4. A newspaper pays its delivery people $75 each day plus $0.10 per paper delivered. Which equation shows the daily earnings of a delivery person?
   (F) $y = 0.1x + 75$ H $x + 0.1y = 75$
   G $y = 75x + 0.1$ J $0.1x + y = 75$

5. A friend gave Ms. Morris a $50 gift card for a local car wash. If each car wash costs $6, which equation shows the number of dollars left on the card?
   A $50x + 6y = 1$ (C) $y = -6x + 50$
   B $y = 6x + 50$ D $y = 6x - 50$

6. Antonio's weekly allowance is given by the equation $A = 0.5c + 10$, where c is the number of chores he does. If he received $16 in allowance one week, how many chores did he do?
   F 10 H 14
   (G) 12 J 15

LECCIÓN **12-3**

Resolución de problemas

Usar la pendiente y la intersección

Escribe la respuesta correcta.

1. Jaime compró un pase de autobús de $20. Cada vez que toma el autobús, se resta $1.25 del pase. La ecuación lineal $y = -1.25x + 20$ representa la cantidad de dinero que queda en el pase de autobús después de x viajes. Identifica la pendiente y las intersecciones con los ejes x e y. Representa la ecuación en la gráfica de la derecha.

intersección con el eje x = 16,

intersección con el eje y = 20,

pendiente = −1.25

2. El alquiler de un lugar en un edificio de oficinas depende del tamaño del lugar alquilado. Un lugar de 600 pies cuadrados cuesta $750, mientras que un lugar de 900 pies cuadrados cuesta $1150. Escribe una ecuación para el alquiler y basándote en la medida en pies cuadrados del lugar x.

$y = \frac{4}{3}x - 50$

Elige la letra de la respuesta correcta.

3. Una limusina cobra $35 más $2 por milla. ¿Qué ecuación muestra el costo total de un viaje en la limusina?
   A $y = 35x + 2$ C $y = 2x - 35$
   (B) $y = 2x + 35$ D $2x + 35y = 2$

4. Un periódico paga a sus repartidores $75 por día más $0.10 por periódico entregado. ¿Qué ecuación muestra las ganancias diarias de un repartidor?
   (F) $y = 0.1x + 75$ H $x + 0.1y = 75$
   G $y = 75x + 0.1$ J $0.1x + y = 75$

5. A la Sra. Morris le dieron un vale de $50 para un tren de lavado. Si cada lavado cuesta $6, ¿qué ecuación muestra los dólares que quedan en el vale?
   A $50x + 6y = 1$ (C) $y = -6x + 50$
   B $y = 6x + 50$ D $y = 6x - 50$

6. La mesada semanal de Antonio está dada por la ecuación $M = 0.5t + 10$, donde t es el número de tareas que realiza. Si una semana recibió $16 de mesada, ¿cuántas tareas realizó?
   F 10 H 14 (G) 12 J 15

LESSON **12-4**

Problem Solving

Point-Slope Form

Write the correct answer.

1. A 1600 square foot home in Houston will sell for about $102,000. The price increases about $43.41 per square foot. Write an equation that describes the price y of a house in Houston, based on the square footage x.

$y - 102{,}000 = 43.41(x - 1600)$

2. Write the equation in Exercise 1 in slope-intercept form.

$y = 43.41x + 32{,}544$

3. Wind chill is a measure of what temperature feels like with the wind. With a 25 mph wind, 40°F will feel like 29°F. Write an equation in point-slope form that describes the wind chill y based on the temperature x, if the slope of the line is 1.337.

$y - 29 = 1.337(x - 40)$

4. With a 25 mph wind, what does a temperature of 0°F feel like?

−24.48°F

From 2 to 13 years, the growth rate for children is generally linear. Choose the letter of the correct answer.

5. The average height of a 2-year old boy is 36 inches, and the average growth rate per year is 2.2 inches. Write an equation in point-slope form that describes the height of a boy y based on his age x.
   A $y - 36 = 2(x - 2.2)$
   B $y - 2 = 2.2(x - 36)$
   (C) $y - 36 = 2.2(x - 2)$
   D $y - 2.2 = 2(x - 36)$

6. The average height of a 5-year old girl is 44 inches, and the average growth rate per year is 2.4 inches. Write an equation in point-slope form that describes the height of a girl y based on her age x.
   F $y - 2.4 = 44(x - 5)$
   (G) $y - 44 = 2.4(x - 5)$
   H $y - 44 = 5(x - 2.4)$
   J $y - 5 = 2.4(x - 44)$

7. Write the equation from Exercise 6 in slope-intercept form.
   A $y = 2.4x - 100.6$
   B $y = 44x - 217.6$
   C $y = 5x + 32$
   (D) $y = 2.4x + 32$

8. Use the equation in Exercise 6 to find the average height of a 13-year old girl.
   F 56.3 in.
   (G) 63.2 in.
   H 69.4 in.
   J 97 in.

LECCIÓN **12-4**

Resolución de problemas

Forma de punto y pendiente

Escribe la respuesta correcta.

1. Una casa de 1600 pies^2 en Houston cuesta $102,000. El precio aumenta $43.41 por pie^2. Escribe una ecuación que describa el precio y de una casa en Houston basándote en la medida en pies^2 x.

$y - 102{,}000 = 43.41(x - 1600)$

2. Escribe la ecuación del Ejercicio 1 en forma de punto y pendiente.

$y = 43.41x + 32{,}544$

3. Con un viento de 25 mph, una temperatura de 40° F parece de 29° F por la sensación térmica. Escribe una ecuación en forma de punto y pendiente que describa la sensación térmica y basándote en la temperatura x, si la pendiente de la línea es 1.337.

$y - 29 = 1.337(x - 40)$

4. Con un viento de 25 mph, ¿cómo se siente una temperatura de 0° F?

−24.48° F

De los 2 a los 13 años, la tasa de crecimiento de los niños generalmente es lineal. Elige la letra de la respuesta correcta.

5. La estatura promedio de un niño de 2 años es 36 pulg y la tasa de crecimiento promedio por año es 2.2 pulg. Escribe una ecuación en forma de punto y pendiente que describa la estatura de un niño y basándote en su edad x.
   A $y - 36 = 2(x - 2.2)$
   B $y - 2 = 2.2(x - 36)$
   (C) $y - 36 = 2.2(x - 2)$
   D $y - 2.2 = 2(x - 36)$

6. La estatura promedio de una niña de 5 años es 44 pulg y la tasa de crecimiento promedio por año es 2.4 pulg. Escribe una ecuación en forma de punto y pendiente que describa la estatura de una niña y basándote en su edad x.
   F $y - 2.4 = 44(x - 5)$
   (G) $y - 44 = 2.4(x - 5)$
   H $y - 44 = 5(x - 2.4)$
   J $y - 5 = 2.4(x - 44)$

7. Escribe la ecuación del Ejercicio 6 en forma de pendiente-intersección.
   A $y = 2.4x - 100.6$
   B $y = 44x - 217.6$
   C $y = 5x + 32$
   (D) $y = 2.4x + 32$

8. Usa la ecuación del Ejercicio 6 para hallar la estatura promedio de una chica de 13 años de edad.
   F 56.3 pulg H 69.4 pulg
   (G) 63.2 pulg J 97 pulg

LESSON **12-5**

Problem Solving

Direct Variation

Determine whether the data sets show direct variation. If so, find the equation of direct variation.

1. The table shows the distance in feet traveled by a falling object in certain times.

Time (s)	0	0.5	1	1.5	2	2.5	3
Distance (ft)	0	4	16	36	64	100	144

No direct variation

2. The R-value of insulation gives the material's resistance to heat flow. The table shows the R-value for different thicknesses of fiberglass insulation.

Thickness (in)	1	2	3	4	5	6
R-value	3.14	6.28	9.42	12.56	15.7	18.84

Direct variation; $R = 3.14t$

3. The table shows the lifting power of hot air.

Hot Air (ft^3)	50	100	500	1000	2000	3000
Lift (lb)	1	2	10	20	40	60

Direct variation; $L = \left(\frac{1}{50}\right)H$

4. The table shows the relationship between degrees Celsius and degrees Fahrenheit.

° Celsius	−10	−5	0	5	10	20	30
° Fahrenheit	14	23	32	41	50	68	86

No direct variation

The relationship between your weight on Earth and your weight on other planets is direct variation. The table below shows how much a person who weights 100 lb on Earth would weigh on the moon and different planets.

Solar System Objects	Weight (lb)
Moon	16.6
Jupiter	236.4
Pluto	6.7

5. Find the equation of direct variation for the weight on earth *e* and on the moon *m*.

Ⓐ $m = 0.166e$ **C** $m = 6.02e$

B $m = 16.6e$ **D** $m = 1660e$

6. How much would a 150 lb person weigh on Jupiter?

F 63.5 lb Ⓗ 354.6 lb

G 286.4 lb **J** 483.7 lb

7. How much would a 150 lb person weigh on Pluto?

A 5.8 lb **C** 12.3 lb

Ⓑ 10.05 lb **D** 2238.8 lb

LECCIÓN **12-5**

Resolución de problemas

Variación directa

Determina si los conjuntos de datos muestran una variación directa. Si la hay, halla la ecuación de variación directa.

1. En la tabla se muestra la distancia en pies recorrida por un objeto en caída en ciertos momentos.

Tiempo (s)	0	0.5	1	1.5	2	2.5	3
Distancia (pies)	0	4	16	36	64	100	144

No hay variación directa.

2. El valor R de aislamiento térmico da la resistencia del material al flujo de calor. En la tabla se muestra el valor R para distintos espesores de aislamientos de fibra de vidrio.

Espesor (pulg)	1	2	3	4	5	6
Valor R	3.14	6.28	9.42	12.56	15.7	18.84

Variación directa: $R = 3.14e$

3. En la tabla se muestra la capacidad de elevación del aire caliente.

Aire caliente ($pies^3$)	50	100	500	1000	2000	3000
Elevación (lb)	1	2	10	20	40	60

Variación directa; $E = \left(\frac{1}{50}\right)A$

4. En la tabla se muestra la relación entre grados Celsius y grados Fahrenheit.

° Celsius	−10	−5	0	5	10	20	30
° Fahrenheit	14	23	32	41	50	68	86

No hay variación directa.

La relación entre tu peso en la Tierra y tu peso en otros planetas es una variación directa. En la siguiente tabla se muestra cuánto pesaría en la Luna y en varios planetas una persona que pesa 100 lb en la Tierra.

Objetos del Sistema Solar	Peso (lb)
Luna	16.6
Júpiter	236.4
Plutón	6.7

5. Halla la ecuación de variación directa para el peso en la Tierra *T* y en la Luna *L*.

Ⓐ $L = 0.166T$ **C** $L = 6.02T$

B $L = 16.6T$ **D** $L = 1660T$

6. ¿Cuánto pesaría en Júpiter una persona que pesa 150 lb?

F 63.5 lb Ⓗ 354.6 lb

G 286.4 lb **J** 483.7 lb

7. ¿Cuánto pesaría en Plutón una persona que pesa 150 lb?

A 5.8 lb **C** 12.3 lb

Ⓑ 10.05 lb **D** 2238.8 lb

LESSON **12-6**

Problem Solving

Graphing Inequalities in Two Variables

The senior class is raising money by selling popcorn and soft drinks. They make $0.25 profit on each soft drink sold, and $0.50 on each bag of popcorn. Their goal is to make at least $500.

1. Write an inequality showing the relationship between the sales of *x* soft drinks and *y* bags of popcorn and the profit goal.

$0.25x + 0.5y \geq 500$

2. Graph the inequality from exercise 1.

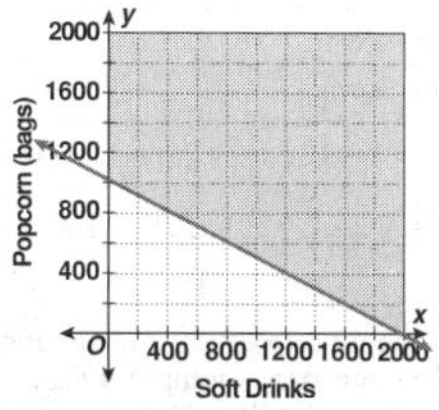

3. List three ordered pairs that represent a profit of exactly $500.

Possible answers: (800, 600), (400, 800), (1600, 200).

4. List three ordered pairs that represent a profit of more than $500.

Possible answers: (400, 900), (800, 700), (1600, 300).

5. List three ordered pairs that represent a profit of less than $500.

Possible answers: (400, 200), (800, 400), (1200, 100).

A vehicle is rated to get 19 mpg in the city and 25 mpg on the highway. The vehicle has a 15-gallon gas tank. The graph below shows the number of miles you can drive using no more than 15 gallons.

6. Write the inequality represented by the graph.

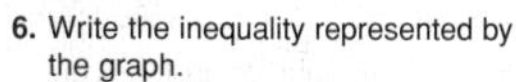

A $\frac{x}{19} + \frac{y}{25} < 15$

Ⓑ $\frac{x}{19} + \frac{y}{25} \leq 15$

C $\frac{x}{19} + \frac{y}{25} \geq 15$

D $\frac{x}{19} + \frac{y}{25} > 15$

7. Which ordered pair represents city and highway miles that you can drive on one tank of gas?

F (200, 150) **H** (250, 75)

G (50, 350) Ⓙ (100, 175)

8. Which ordered pair represents city and highway miles that you cannot drive on one tank of gas?

A (100, 200) **C** (50, 275)

Ⓑ (150, 200) **D** (250, 25)

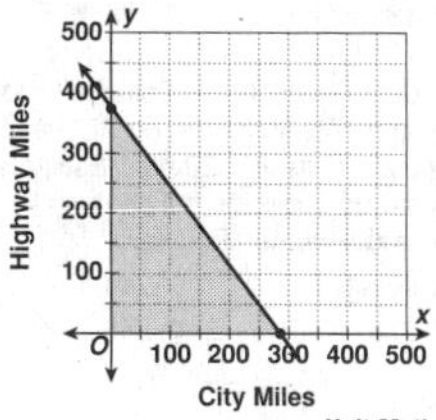

LECCIÓN **12-6**

Resolución de problemas

Representar gráficamente desigualdades de dos variables

Los estudiantes del último año están vendiendo palomitas de maíz y refrescos para recaudar dinero. Ganan $0.25 por cada refresco vendido y $0.50 por cada bolsa de palomitas de maíz. Su meta es recaudar al menos $500.

1. Escribe una desigualdad que muestre la relación entre las ventas de *x* refrescos y de *y* bolsas de palomitas de maíz y la meta de ganancias.

$0.25x + 0.5y \geq 500$

2. Representa gráficamente la desigualdad del Ejercicio 1.

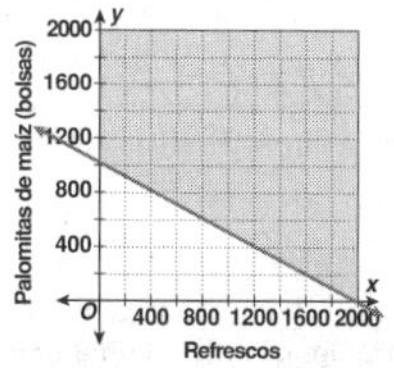

3. Haz una lista de tres pares ordenados que representen una ganancia de exactamente $500.

Respuestas posibles: (800, 600), (400, 800), (1600, 200).

4. Haz una lista de tres pares ordenados que representen una ganancia de más de $500.

Respuestas posibles: (400, 900), (800, 700), (1600, 300).

5. Haz una lista de tres pares ordenados que representen una ganancia de menos de $500.

Respuestas posibles: (400, 200), (800, 400), (1200, 100).

Un vehículo tiene un rendimiento de 19 mpg en la ciudad y 25 mpg en la carretera. El vehículo tiene un tanque de gasolina de 15 galones. En la siguiente gráfica se muestra la cantidad de millas que puedes recorrer usando no más de 15 galones.

6. Escribe la desigualdad representada por la gráfica.

A $\frac{x}{19} + \frac{y}{25} < 15$ **C** $\frac{x}{19} + \frac{y}{25} \geq 15$

Ⓑ $\frac{x}{19} + \frac{y}{25} \leq 15$ **D** $\frac{x}{19} + \frac{y}{25} > 15$

7. ¿Qué par ordenado representa las millas que puedes recorrer con un tanque de gasolina en la ciudad y en la carretera?

F (200, 150) **H** (250, 75)

G (50, 350) Ⓙ (100, 175)

8. ¿Qué par ordenado representa las millas que no puedes recorrer con un tanque de gasolina en la ciudad y en la carretera?

A (100, 200) **C** (50, 275)

Ⓑ (150, 200) **D** (250, 25)

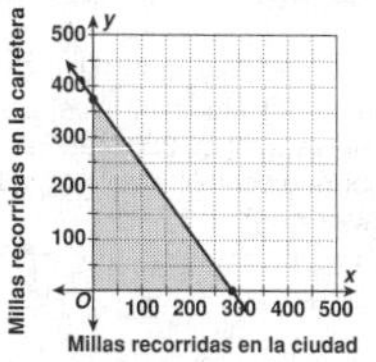

LESSON 12-7

Problem Solving

Lines of Best Fit

Write the correct answer. Round to the nearest hundredth.

1. The table shows in what year different average speed barriers were broken at the Indianapolis 500. If x is the year, with $x = 0$ representing 1900, and y is the average speed, find the mean of the x- and y- coordinates.

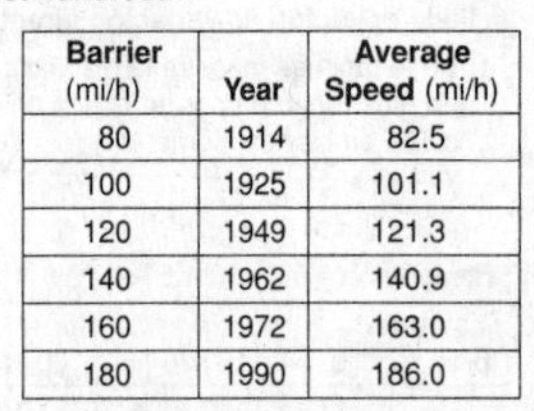

Barrier (mi/h)	Year	Average Speed (mi/h)
80	1914	82.5
100	1925	101.1
120	1949	121.3
140	1962	140.9
160	1972	163.0
180	1990	186.0

$x_m = 52$; $y_m = 132.47$

2. Graph the data from exercise 1 and find the equation of the line of best fit.

Possible answer:

$y = 1.34x + 62.79$

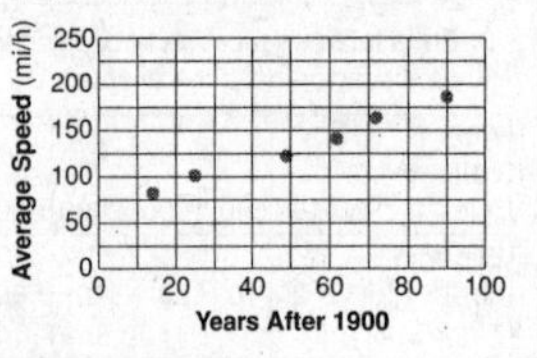

3. Use your equation to predict the year the 210 mph barrier will be broken.

Possible answer: 2010

The percent of the U.S. population who smokes can be represented by the line of best fit with the equation $y = -0.57x + 44.51$ where x is the year, $x = 0$ represents 1960, and y is the percent of the population who smokes. Circle the letter of the correct answer.

4. Which term describes the percent of the population that smokes?
   A Increasing C No change
   (B) Decreasing D Cannot tell

5. Use the equation to predict the percent of smokers in 2005.
   F 13.16% H 24.56%
   (G) 18.86% J 41.66%

6. Use the equation to predict when the percent of smokers will be less than 15%.
   A 1996 (C) 2012
   B 2010 D 2023

7. Use the equation to predict the percent of smokers in 2010.
   F 10.31% (H) 16.01%
   G 11.01% J 12.71%

LECCIÓN 12-7

Resolución de problemas

Líneas de mejor ajuste

Escribe la respuesta correcta. Redondea a la centésima más cercana.

1. En la tabla se muestra en qué año se rompieron diferentes barreras de velocidad promedio en las 500 millas de Indianápolis. Si x es el año, $x = 0$ representa el año 1900, y y es la velocidad promedio, halla la media de las coordenadas x y y.

Barrera (mi/h)	Año	Velocidad promedio (mi/h)
80	1914	82.5
100	1925	101.1
120	1949	121.3
140	1962	140.9
160	1972	163.0
180	1990	186.0

$x_m = 52$; $y_m = 132.47$

2. Representa gráficamente los datos del Ejercicio 1 y halla la ecuación de la línea de mejor ajuste.

Respuesta posible:

$y = 1.34x + 62.79$

Velocidad promedio (mi/h): 250, 200, 150, 100, 50, 0; 0, 20, 40, 60, 80, 100; Años después de 1900

3. Usa tu ecuación para predecir el año en el que se romperá la barrera de 210 mph.

Respuesta posible: 2010

El porcentaje de la población estadounidense que fuma puede representarse mediante la línea de mejor ajuste con la ecuación $y = -0.57x + 44.51$, donde x es el año, $x = 0$ representa 1960, e y es el porcentaje de la población que fuma. Encierra en un círculo la letra de la respuesta correcta.

4. ¿Qué término describe el porcentaje de la población que fuma?
   A En aumento C Sin cambios
   (B) En descenso D No se puede determinar.

5. Usa la ecuación para predecir el porcentaje de fumadores en 2005.
   F 13.16% H 24.56%
   (G) 18.86% J 41.66%

6. Usa la ecuación para predecir cuándo el porcentaje de fumadores será menor que el 15%.
   A 1996 (C) 2012
   B 2010 D 2023

7. Usa la ecuación para predecir el porcentaje de fumadores en 2010.
   F 10.31% (H) 16.01%
   G 11.01% J 12.71%

LESSON 13-1

Problem Solving

Terms of Arithmetic Sequences

A section of seats in an auditorium has 18 seats in the first row. Each row has two more seats than the previous row. There are 25 rows in the section. Write the correct answer.

1. List the number of seats in the second, third and fourth rows of the section.

   20, 22, 24

2. How many seats are in the 10th row?

   36

3. How many seats are in the 15th row?

   46

4. In which row are there 32 seats?

   8th row

For 5–10, refer to the table below, which shows the boiling temperature of water at different altitudes. Choose the letter of the correct answer.

Altitude (thousands of feet)	Boiling point of water (°F)
1	210.2
2	208.4
3	206.6
4	204.8
5	203

5. What is the common difference?
   (A) −1.8°F C −2.8°F
   B 1.8°F D 6°F

6. According to the table, what would be the boiling point of water at an altitude of 10,000 feet?
   F 192.2°F H 226.4°F
   (G) 194°F J 228.2°F

7. According to the table, what would be the boiling point of water at an altitude of 15,000 feet?
   A 181.4°F (C) 185°F
   B 183.2°F D 235.4°F

8. Estimate the boiling point of water in Jacksonville, Florida, which has an elevation of 0 feet.
   F 0°F (H) 212°F
   G 208.4°F J 213.8°F

9. The highest point in the United States is Mt. McKinley, Alaska, with an elevation of 20,320 feet. Estimate the boiling point of water at the top of Mt. McKinley.
   A 172.4°F C 244.4°F
   (B) 176°F D 246.2°F

10. At which elevation will the boiling point of water be less than 150°F?
   F 28,000 ft H 32,000 ft
   G 30,000 ft (J) 35,000 ft

LECCIÓN 13-1

Resolución de problemas

Términos de sucesiones aritméticas

Uno de los sectores de un auditorio tiene 18 butacas en la primera fila. Cada fila tiene dos butacas más que la fila anterior. En el sector hay 25 filas. Escribe la respuesta correcta.

1. Anota la cantidad de butacas de la segunda, tercera y cuarta filas del sector.

   20, 22, 24

2. ¿Cuántas butacas hay en la 10ma fila?

   36

3. ¿Cuántas butacas hay en la 15ta fila?

   46

4. ¿En qué fila hay 32 butacas?

   en la 8va fila

Para los Ejercicios del 5 al 10, consulta la siguiente tabla, en la que se muestra la temperatura de ebullición del agua a diferentes altitudes. Elige la letra de la respuesta correcta.

Altitud (miles de pies)	Punto de ebullición del agua (° F)
1	210.2
2	208.4
3	206.6
4	204.8
5	203

5. ¿Cuál es la diferencia común?
   (A) −1.8° F C −2.8° F
   B 1.8° F D 6° F

6. De acuerdo con la tabla, ¿cuál sería el punto de ebullición del agua a una altitud de 10,000 pies?
   F 192.2° F H 226.4° F
   (G) 194° F J 228.2° F

7. De acuerdo con la tabla, ¿cuál sería el punto de ebullición del agua a una altitud de 15,000 pies?
   A 181.4° F (C) 185° F
   B 183.2° F D 235.4° F

8. Estima el punto de ebullición del agua en Jacksonville, Florida, que se encuentra a una altitud de 0 pies.
   F 0° F (H) 212° F
   G 208.4° F J 213.8° F

9. El punto más alto de Estados Unidos es el monte McKinley, en Alaska, con una altura de 20,320 pies. Estima el punto de ebullición del agua en la cima del monte McKinley.
   A 172.4° F C 244.4° F
   (B) 176° F D 246.2° F

10. ¿A qué altitud será menor que 150° F el punto de ebullición del agua?
   F a 28,000 pies H a 32,000 pies
   G a 30,000 pies (J) a 35,000 pies

LESSON 13-2

Problem Solving

Terms of Geometric Sequences

For Exercises 1–2, determine if the sequence could be geometric. If so, find the common ratio. Write the correct answer.

1. A computer that was worth $1000 when purchased was worth $800 after six months, $640 after a year, $512 after 18 months, and $409.60 after two years.

   Could be geometric; 0.8

2. A student works for a starting wage of $6.00 per hour. She is told that she can expect a $0.25 raise every six months.

   Not geometric

3. A piece of paper that is 0.01 inches thick is folded in half repeatedly. If the paper were folded 6 times, how thick would the result be?

   0.64 inches

4. A vacuum pump removes one-half of the air in a container with each stroke. How much of the original air is left in the container after 8 strokes?

   $\frac{1}{256}$

For exercises 5–8, assume that the cost of a college education increases an average of 5% per year. Choose the letter of the correct answer.

5. If the in-state tuition at the University of Florida is $2256 per year, what will the tuition be in 10 years?
   A $3174.24
   B $3333.14
   C $3499.80
   (D) $3674.79

6. If it costs $3046 per year for tuition for a Virginia resident at the University of Virginia now, how much will tuition be in 8 years?
   F $4183.26
   G $4286.03
   (H) $4500.33
   J $4725.35

7. If it costs $25,839 per year in tuition to attend Northwestern University now, how much will tuition be in 5 years?
   A $31,407.47
   (B) $32,977.84
   C $37,965.97
   D $42,483.72

8. If you start attending Northwestern University in 5 years and attend for 4 years, how much will you spend in total for tuition?
   (F) $142,138.61
   G $135,370.12
   H $131,911.36
   J $169,934.88

LECCIÓN 13-2

Resolución de problemas

Términos de sucesiones geométricas

Para los Ejercicios 1 y 2, determina si la sucesión podría ser geométrica. Si es así, halla la razón común. Escribe la respuesta correcta.

1. Una computadora que valía $1000 al momento de la compra, valía $800 después de seis meses, $640 después de un año, $512 después de 18 meses y $409.60 después de dos años.

   Podría ser geométrica; 0.8

2. Una estudiante tiene un sueldo inicial de $6.00 por hora. Le informan que puede recibir un aumento de $0.25 cada seis meses.

   No es geométrica

3. Se dobla varias veces a la mitad un papel de 0.01 pulgadas de espesor. Si el papel se doblara 6 veces, ¿qué espesor tendría el resultado?

   0.64 pulgadas

4. Una bomba de vacío saca la mitad del aire de un recipiente con cada bombeo. ¿Qué cantidad del aire original queda en el recipiente después 8 bombeos?

   $\frac{1}{256}$

Para los Ejercicios 5 al 8, supongamos que el costo de la educación universitaria aumenta un promedio de 5% anual. Elige la letra de la respuesta correcta.

5. Si la matrícula de la Universidad de Florida para residentes cuesta $2256 anuales, ¿cuánto costará la matrícula en 10 años?
   A $3174.24
   B $3333.14
   C $3499.80
   (D) $3674.79

6. Si a un residente de Virginia la matrícula anual de la Universidad de Virginia hoy le cuesta $3,046, ¿cuánto le costará en 8 años?
   F $4183.26
   G $4286.03
   (H) $4500.33
   J $4725.35

7. Si hoy la matrícula anual de la Universidad Northwestern cuesta $25,839, ¿cuánto costará en 5 años?
   A $31,407.47
   (B) $32,977.84
   C $37,965.97
   D $42,483.72

8. Si dentro de 5 años comienzas a estudiar en la Universidad Northwestern y estudias allí durante 4 años, ¿cuánto gastarás de matrícula en total?
   (F) $142,138.61
   G $135,370.12
   H $131,911.36
   J $169,934.88

LESSON 13-3

Problem Solving

Other Sequences

A toy rocket is launched and the height of the rocket during its first four seconds is recorded. Write the correct answer.

Time (sec)	Height (ft)
0	0
1	176
2	320
3	432
4	512
5	560
6	576
7	560

1. Find the first differences for the rocket's heights.

   176, 144, 112, 80

2. Find the second differences.

   −32, −32, −32

3. Use the first and second differences to predict the height of the rocket at 5, 6, and 7 seconds.

4. What is the maximum height of the rocket?

   576 ft

5. When will the rocket hit the ground?

   12 seconds after takeoff

For exercises 6–9, refer to the table below, which shows the number of diagonals for different polygons. Choose the letter for the correct answer.

Polygon	Sides	Diagonals
Triangle	3	0
Quadrilateral	4	2
Pentagon	5	5
Hexagon	6	9
Heptagon	7	14

6. What are the first differences for the diagonals?
   A 1, 1, 1, 1
   (C) 2, 3, 4, 5
   B 3, 2, 0, 3, 7
   D 2, 7, 14, 23

7. What are the second differences?
   (F) 1, 1, 1
   H 5, 7, 8
   G 1, 2, 3, 4
   J 7, 9, 11, 13

8. How many diagonals does a nonagon (9 sides) have?
   A 21
   B 24
   (C) 27
   D 32

9. Which rule will give the number of diagonals d for s sides?
   F $d = \frac{s(s+1)}{2}$
   G $d = (s-3)(s-2) - 1$
   (H) $d = \frac{s(s-3)}{2}$
   J $d = (s-3)(s-2)$

LECCIÓN 13-3

Resolución de problemas

Otras sucesiones

Se lanza un cohete de juguete y se registra la altura que alcanza durante los primeros cuatro segundos. Escribe la respuesta correcta.

Tiempo (seg)	Altura (pies)
0	0
1	176
2	320
3	432
4	512
5	560
6	576
7	560

1. Halla las primeras diferencias para las alturas del cohete.

   176, 144, 112, 80

2. Halla las segundas diferencias.

   −32, −32, −32

3. Usa las primeras y las segundas diferencias para predecir la altura del cohete a los 5, 6 y 7 segundos.

4. ¿Cuál es la altura máxima del cohete?

   576 pies

5. ¿Cuándo tocará el suelo el cohete?

   12 segundos después del despegue

Para los Ejercicios del 6 al 9, consulta la siguiente tabla, en la que se muestra la cantidad de diagonales para distintos polígonos. Elige la letra de la respuesta correcta.

Polígono	Lados	Diagonales
Triángulo	3	0
Cuadrilátero	4	2
Pentágono	5	5
Hexágono	6	9
Heptágono	7	14

6. ¿Cuáles son las primeras diferencias de las diagonales?
   A 1, 1, 1, 1
   (C) 2, 3, 4, 5
   B 3, 2, 0, 3, 7
   D 2, 7, 14, 23

7. ¿Cuáles son las segundas diferencias?
   (F) 1, 1, 1
   H 5, 7, 8
   G 1, 2, 3, 4
   J 7, 9, 11, 13

8. ¿Cuántas diagonales tiene un nonágono (9 lados)?
   A 21
   B 24
   (C) 27
   D 32

9. ¿Qué regla dará la cantidad de diagonales d para l lados?
   F $d = \frac{l(l+1)}{2}$
   G $d = (l-3)(l-2) - 1$
   (H) $d = \frac{l(l-3)}{2}$
   J $d = (l-3)(l-2)$

LESSON 13-4

Problem Solving

Linear Functions

Write the correct answer.

1. The greatest amount of snow that has ever fallen in a 24-hour period in North America was on April 14–15, 1921 in Silver Lake, Colorado. In 24 hours, 76 inches of snow fell, at an average rate of 3.2 inches per hour. Find a rule for the linear function that describes the amount of snow after x hours at the average rate.

   $f(x) = 3.2x$

2. At the average rate of snowfall from Exercise 1, how much snow had fallen in 15 hours?

   48 inches

3. The altitude of clouds in feet can be found by multiplying the difference between the temperature and the dew point by 228. If the temperature is 75°, find a rule for the linear function that describes the height of the clouds with dew point x.

   $f(x) = 228(75 - x)$

4. If the temperature is 75° and the dew point is 40°, what is the height of the clouds?

   7980 feet

For exercises 5–7, refer to the table below, which shows the relationship between the number of times a cricket chirps in a minute and temperature.

Cricket Chirps/min	Temperature (°F)
80	60
100	65
120	70
140	75

5. Find a rule for the linear function that describes the temperature based on x, the number of cricket chirps in a minute based on temperature.

   A $f(x) = x + 5$
   Ⓑ $f(x) = \frac{x}{4} + 40$
   C $f(x) = x - 20$
   D $f(x) = \frac{x}{2} + 20$

6. What is the temperature if a cricket chirps 150 times in a minute?

   Ⓕ 77.5°F H 130°F
   G 95°F J 155°F

7. If the temperature is 85°F, how many times will a cricket chirp in a minute?

   A 61 Ⓒ 180
   B 105 D 200

LECCIÓN 13-4

Resolución de problemas

Funciones lineales

Escribe la respuesta correcta.

1. La mayor cantidad de nieve que ha caído en América del Norte en un periodo de 24 horas cayó entre el 14 y el 15 de abril de 1921 en Silver Lake, Colorado. En 24 horas, cayeron 76 pulgadas de nieve a una tasa promedio de 3.2 pulgadas por hora. Halla una regla para la función lineal que describe la cantidad de nieve después de x horas a la tasa promedio.

   $f(x) = 3.2x$

2. A la tasa promedio de caída de nieve del Ejercicio 1, ¿cuánta nieve había caído en 15 horas?

   48 pulgadas

3. La altitud en pies de las nubes se puede hallar multiplicando la diferencia entre la temperatura y el punto de rocío por 228. Si la temperatura es 75°, halla una regla para la función lineal que describe la altura de las nubes con un punto de rocío x.

   $f(x) = 228(75 - x)$

4. Si la temperatura es 75° y el punto de rocío es 40°, ¿a qué altura están las nubes?

   7980 pies

Para los Ejercicios 5 al 7, consulta la siguiente tabla, en la que se muestra la relación entre la cantidad de veces que canta un grillo en un minuto y la temperatura.

Cantos del grillo/min	Temperatura (° F)
80	60
100	65
120	70
140	75

5. Halla una regla para la función lineal que describe la temperatura basándote en x, la cantidad de veces que canta el grillo en un minuto de acuerdo con la temperatura.

   A $f(x) = x + 5$
   Ⓑ $f(x) = \frac{x}{4} + 40$
   C $f(x) = x - 20$
   D $f(x) = \frac{x}{2} + 20$

6. ¿Cuál es la temperatura si el grillo canta 150 veces en un minuto?

   Ⓕ 77.5° F H 130° F
   G 95° F J 155° F

7. Si la temperatura es 85° F, ¿cuántas veces cantará el grillo en un minuto?

   A 61 Ⓒ 180
   B 105 D 200

LESSON 13-5

Problem Solving

Exponential Functions

From 1950 to 2000, the world's population grew exponentially. The function that models the growth is $f(x) = 1.056 \cdot 1.018^x$ where x is the year ($x = 50$ represents 1950) and $f(x)$ is the population in billions. Round each number to the nearest hundredth.

1. Estimate the world's population in 1950.

   2.58 billion

2. Estimate the world's population in 2005.

   6.87 billion

3. Predict the world's population in 2025.

   9.82 billion

4. Predict the world's population in 2050.

   15.34 billion

Insulin is used to treat people with diabetes. The table below shows the percent of an insulin dose left in the body at different times after injection.

Time elapsed (min)	Percent remaining
0	100
48	50
96	25
144	12.5

5. Which ordered pair does not represent a half-life of insulin?

   A (24, 70.71) C (48, 50)
   Ⓑ (50, 50) D (72, 35.35)

6. Write an exponential function that describes the percent of insulin in the body after x half-lives.

   Ⓕ $f(x) = 100\left(\frac{1}{2}\right)^x$ H $f(x) = 2(100)^x$
   G $f(x) = 10\left(\frac{1}{2}\right)^x$ J $f(x) = 48\left(\frac{1}{2}\right)^x$

7. What percent of insulin would be left in the body after 6 hours?

   A 0.25% Ⓒ 0.55%
   B 0.39% D 1.56%

8. What percent of insulin would be left in the body after 9 hours?

   Ⓕ 0.04% H 0.17%
   G 0.12% J 0.26%

9. A new form of insulin that is being developed has a half-life of 9 hours. Write an exponential function that describes the percent of insulin in the body after x half-lives.

   Ⓐ $f(x) = 100\left(\frac{1}{2}\right)^x$ C $f(x) = 2(100)^x$
   B $f(x) = 9\left(\frac{1}{2}\right)^x$ D $f(x) = 100(9)^x$

10. What percent of the new form of insulin would be left in the body after 9 hours?

    F 12.5% Ⓗ 50%
    G 25% J 75%

LECCIÓN 13-5

Resolución de problemas

Funciones exponenciales

De 1950 a 2000, la población mundial creció exponencialmente. La función que representa el crecimiento es $f(x) = 1.056 \cdot 1.018^x$ donde x es el año ($x = 50$ representa 1950) y $f(x)$ es la población en miles de millones. Redondea cada número a la centésima más cercana.

1. Estima la población mundial en 1950.

   2,580 millones

2. Estima la población mundial en 2005.

   6,870 millones

3. Predice la población mundial en 2025.

   9,820 millones

4. Predice la población mundial en 2050.

   15,340 millones

La insulina se usa para tratar a las personas con diabetes. En la siguiente tabla se muestra el porcentaje de una dosis de insulina que queda en el cuerpo en distintos momentos después de la inyección.

Tiempo transcurrido (min)	Porcentaje que queda
0	100
48	50
96	25
144	12.5

5. ¿Qué par ordenado no representa una vida media de insulina?

   A (24, 70.71) C (48, 50)
   Ⓑ (50, 50) D (72, 35.35)

6. Escribe una función exponencial que describa el porcentaje de insulina en el cuerpo después de x vidas medias.

   Ⓕ $f(x) = 100\left(\frac{1}{2}\right)^x$ H $f(x) = 2(100)^x$
   G $f(x) = 10\left(\frac{1}{2}\right)^x$ J $f(x) = 48\left(\frac{1}{2}\right)^x$

7. ¿Qué porcentaje de insulina quedaría en el cuerpo después de 6 horas?

   A 0.25% Ⓒ 0.55%
   B 0.39% D 1.56%

8. ¿Qué porcentaje de insulina quedaría en el cuerpo después de 9 horas?

   Ⓕ 0.04% H 0.17%
   G 0.12% J 0.26%

9. Se está desarrollando una nueva forma de insulina que tiene una vida media de 9 horas. Escribe una función exponencial que describa el porcentaje de insulina en el cuerpo después de x vidas medias.

   Ⓐ $f(x) = 100\left(\frac{1}{2}\right)^x$ C $f(x) = 2(100)^x$
   B $f(x) = 9\left(\frac{1}{2}\right)^x$ D $f(x) = 100(9)^x$

10. ¿Qué porcentaje de la nueva forma de insulina quedaría en el cuerpo después de 9 horas?

    F 12.5% Ⓗ 50%
    G 25% J 75%

LESSON 13-6

Problem Solving

Quadratic Functions

To find the time it takes an object to fall, you can use the equation $h = -16t^2 - vt + s$ where h is the height in feet, t is the time in seconds, v is the initial velocity, and s is the starting height in feet. Write the correct answer.

1. If a construction worker drops a tool from 240 feet above the ground, how many feet above the ground will it be in 2 seconds? Hint: $v = 0$, $s = 240$.

   176 feet

2. How long will it take the tool in Exercise 1 to hit the ground? Round to the nearest hundredth.

   3.87 seconds

3. The Gateway Arch in St. Louis, Missouri is the tallest manmade memorial. The arch rises to a height of 630 feet. If you throw a rock down from the top of the arch with a velocity of 20 ft/s, how many feet above the ground will the rock be in 2 seconds?

   526 feet

4. Will the rock in exercise 3 hit the ground within 6 seconds of throwing it?

   yes

The average monthly rainfall for Seattle, Washington can be approximated by the equation $f(x) = 0.147x^2 - 1.890x + 7.139$ where x is the month (January: $x = 1$, February, $x = 2$, etc.) and $f(x)$ is the monthly rainfall in inches. Choose the letter for the best answer.

5. What is the average monthly rainfall in Seattle for the month of January?
   - A 3.7 in
   - (B) 5.4 in
   - C 7.6 in
   - D 9.2 in

6. What is the average monthly rainfall in Seattle for the month of April?
   - F 0.2 in
   - G 1.4 in
   - (H) 1.9 in
   - J 2.8 in

7. What is the average monthly rainfall in Seattle for the month of August?
   - A 1.1 in
   - (B) 1.4 in
   - C 5.6 in
   - D 6.8 in

8. In what month does it rain the least in Seattle, Washington?
   - F May
   - (G) June
   - H July
   - J August

LECCIÓN 13-6

Resolución de problemas

Funciones cuadráticas

Para hallar el tiempo que un objeto tarda en caer, puedes usar la ecuación $h = -16t^2 - vt + s$, donde h es la altura en pies, t es el tiempo en segundos, v es la velocidad inicial e i es la altura inicial en pies. Escribe la respuesta correcta.

1. Si a un obrero de la construcción se le cae una herramienta desde una altura de 240 pies, ¿a cuántos pies de altura se encontrará en 2 segundos? Pista: $v = 0$, $s = 240$.

   176 pies

2. ¿Cuánto tiempo tardará la herramienta del Ejercicio 1 en llegar al suelo? Redondea a la centésima más cercana.

   3.87 segundos

3. El arco Gateway, en St. Louis, Missouri, es el monumento más alto construido por el hombre. El arco alcanza una altura de 630 pies. Si lanzas una piedra desde la parte superior del arco a una velocidad de 20 pies/s, ¿a cuántos pies de altura estará la piedra en 2 segundos?

   526 pies

4. La piedra del Ejercicio 3, ¿tocará el suelo durante los primeros 6 segundos después de haber sido lanzada?

   sí

El promedio mensual de precipitaciones en Seattle, Washington, puede estimarse mediante la ecuación $f(x) = 0.147x^2 - 1.890x + 7.139$, donde x es el mes (enero: $x = 1$, febrero, $x = 2$, etc.) y $f(x)$ son las precipitaciones mensuales en pulgadas. Elige la letra de la mejor respuesta.

5. ¿Cuál es el promedio mensual de precipitaciones en Seattle para el mes de enero?
   - A 3.7 pulg
   - (B) 5.4 pulg
   - C 7.6 pulg
   - D 9.2 pulg

6. ¿Cuál es el promedio mensual de precipitaciones en Seattle para el mes de abril?
   - F 0.2 pulg
   - G 1.4 pulg
   - (H) 1.9 pulg
   - J 2.8 pulg

7. ¿Cuál es el promedio mensual de precipitaciones en Seattle para el mes de agosto?
   - A 1.1 pulg
   - (B) 1.4 pulg
   - C 5.6 pulg
   - D 6.8 pulg

8. ¿Durante qué mes llueve menos en Seattle, Washington?
   - F mayo
   - (G) junio
   - H julio
   - J agosto

LESSON 13-7

Problem Solving

Inverse Variation

For a given focal length of a camera, the f-stop varies inversely with the diameter of the lens. The table below gives the f-stop and diameter data for a focal length of 400 mm. Round to the nearest hundredth.

f-stop	diameter (mm)
1	400
2	200
4	100
8	50
16	25
32	12.5

1. Use the table to write an inverse variation function.

   $f(d) = \frac{400}{d}$

2. What is the diameter of a lens with an f-stop of 1.4?

   285.71 mm

3. What is the diameter of a lens with an f-stop of 11?

   36.36 mm

4. What is the diameter of a lens with an f-stop of 22?

   18.18 mm

The inverse square law of radiation says that the intensity of illumination varies inversely with the square of the distance to the light source.

5. Using the inverse square law of radiation, if you halve the distance between yourself and a fire, by how much will you increase the heat you feel?
   - A 2
   - (B) 4
   - C 8
   - D 16

6. Using the inverse square law of radiation, if you double the distance between a radio and the transmitter, how will it affect the signal intensity?
   - (F) $\frac{1}{4}$ as strong
   - G $\frac{1}{2}$ as strong
   - H twice as strong
   - J 4 times stronger

7. Using the inverse square law of radiation, if you increase the distance between yourself and a light by 4 times, how will it affect the light's intensity?
   - (A) $\frac{1}{16}$ as strong
   - B $\frac{1}{4}$ as strong
   - C $\frac{1}{2}$ as strong
   - D twice as strong

8. Using the inverse square law of radiation if you move 3 times closer to a fire, how much more intense will the fire feel?
   - F $\frac{1}{3}$ as strong
   - G 3 times stronger
   - (H) 9 times stronger
   - J 27 times stronger

LECCIÓN 13-7

Resolución de problemas

Variación inversa

Para una longitud focal dada de una cámara, la apertura del diafragma varía inversamente al diámetro de la lente. En la siguiente tabla se muestran los datos de la apertura del diafragma y del diámetro para una longitud focal de 400 mm. Redondea a la centésima más cercana.

Apertura del diafragma	diámetro (mm)
1	400
2	200
4	100
8	50
16	25
32	12.5

1. Usa la tabla para escribir una función de variación inversa.

   $f(d) = \frac{400}{d}$

2. ¿Cuál es el diámetro de una lente con una apertura de diafragma de 1.4?

   285.71 mm

3. ¿Cuál es el diámetro de una lente con una apertura de diafragma de 11?

   36.36 mm

4. ¿Cuál es el diámetro de una lente con una apertura de diafragma de 22?

   18.18 mm

Según la ley del cuadrado inverso, la intensidad de la iluminación varía de forma inversa al cuadrado de la distancia a la fuente de luz.

5. Aplicando la ley del cuadrado inverso, si reduces a la mitad la distancia a la que estás de una fogata, ¿cuántas veces aumentará el calor que sientes?
   - A 2
   - (B) 4
   - C 8
   - D 16

6. Aplicando la ley del cuadrado inverso, si duplicas la distancia entre una radio y el transmisor, ¿cómo es la intensidad resultante de la señal?
   - (F) $\frac{1}{4}$ de intensa
   - G $\frac{1}{2}$ de intensa
   - H 2 veces más intensa
   - J 4 veces más intensa

7. Aplicando la ley del cuadrado inverso, si aumentas 4 veces la distancia a la que estás de una fuente de luz, ¿cómo es la intensidad resultante de la luz?
   - (A) $\frac{1}{16}$ de intensa
   - B $\frac{1}{4}$ de intensa
   - C $\frac{1}{2}$ de intensa
   - D el doble de intensa

8. Aplicando la ley del cuadrado inverso, si te acercas 3 veces más a una fogata, ¿cómo será la intensidad del calor de la fogata?
   - F $\frac{1}{3}$ de intenso
   - G 3 veces más intenso
   - (H) 9 veces más intenso
   - J 27 veces más intenso

LESSON **14-1**

Problem Solving

Polynomials

The table below shows expressions used to calculate the surface area and volume of various solid figures where *s* is side length, *l* is length, *w* is width, *h* is height, and *r* is radius.

Solid Figure Polynomials

Solid Figure	Surface Area	Volume
Cube	$6s^2$	s^3
Rectangular Prism	$2lw + 2lh + 2wh$	lwh
Right Cone	$\pi rl + \pi r^2$	$\pi r^2 h$
Sphere	$4\pi r^2$	$\frac{4}{3}\pi r^3$

1. List the expressions that are trinomials.

   $2lw + 2lh + 2wh$

2. What is the degree of the expression for the surface area of a sphere?

   The degree of $4\pi r^2$ is 2.

3. A cube has side length of 5 inches. What is its surface area?

   150 square inches

4. If you know the radius and height of a cone, you can use the expression $(r^2 + h^2)^{0.5}$ to find its slant height. Is this expression a polynomial? Why or why not?

   No, its exponent is not a whole number.

5. If a sphere has a radius of 4 feet, what is its surface area and volume? Use $\frac{22}{7}$ for pi.

   $SA = 201.14$ ft^2; $V = 268.19$ ft^3

Circle the letter of the correct answer.

6. Which statement is true of all the polynomials in the volume column of the table?
   - A They are trinomials.
   - B They are binomials.
   - (C) They are monomials.
   - D None of them are polynomials.

7. The height, in feet, of a baseball thrown straight up into the air from 6 feet above the ground at 100 feet per second after *t* seconds is given by the polynomial $-16t^2 + 100t + 6$. What is the height of the baseball 4 seconds after it was thrown?
   - (F) 150 feet
   - G 278 feet
   - H 342 feet
   - J 662 feet

LECCIÓN **14-1**

Resolución de problemas

Polinomios

En la siguiente tabla se muestran expresiones que se usan para calcular el área total y el volumen de varios cuerpos geométricos, donde *L* es la longitud de los lados, *l* es la longitud, *a* es el ancho, *h* es la altura y *r* es el radio.

Polinomios de cuerpos geométricos

Cuerpo geométrico	Área total	Volumen
Cubo	$6L^2$	L^3
Prisma rectangular	$2la + 2lh + 2ah$	lah
Cono recto	$\pi rl + \pi r^2$	$\pi r^2 h$
Esfera	$4\pi r^2$	$\frac{4}{3}\pi r^3$

1. Haz una lista de las expresiones que son trinomios.

   $2la + 2lh + 2ah$

2. ¿Cuál es el grado de la expresión para el área total de una esfera?

   El grado de $4\pi r^2$ es 2.

3. La longitud de cada lado de un cubo es 5 pulgadas. ¿Cuál es su área total?

   150 pulgadas cuadradas

4. Si conoces el radio y la altura de un cono, puedes usar la expresión $(r^2 + h^2)^{0.5}$ para hallar la altura inclinada. Esta expresión, ¿es un polinomio? Explica por qué sí o por qué no.

   No, su exponente no es un número cabal.

5. Si una esfera tiene un radio de 4 pies, ¿cuál es su área total y su volumen? Usa $\frac{22}{7}$ para pi.

   $AT = 201.14$ pies^2;
   $V = 268.19$ pies^3

Encierra en un círculo la letra de la respuesta correcta.

6. ¿Qué enunciado es verdadero acerca de todos los polinomios de la columna Volumen de la tabla?
   - A Son trinomios.
   - B Son binomios.
   - (C) Son monomios.
   - D Ninguno es un polinomio.

7. La altura en pies de una pelota de béisbol *t* segundos después de ser lanzada al aire a 100 pies por segundo desde una altura de 6 pies está dada por el polinomio $-16t^2 + 100t + 6$. ¿Cuál es la altura de la pelota de béisbol 4 segundos después de ser lanzada?
   - (F) 150 pies
   - G 278 pies
   - H 342 pies
   - J 662 pies

LESSON **14-2**

Problem Solving

Simplifying Polynomials

Write the correct answer.

1. The area of a trapezoid can be found using the expression $\frac{h}{2}(b_1 + b_2)$ where *h* is height, *b* is the length of base$_1$, and b_2 is the length of base$_2$. Use the Distributive Property to write an equivalent expression.

   $\frac{hb_1}{2} + \frac{hb_2}{2}$

2. The sum of the measures of the interior angles of a polygon with *n* sides is $180(n - 2)$ degrees. Use the Distributive Property to write an equivalent expression, and use the expression to find the sum of the measures of the interior angles of an octagon.

   $180n - 360$; 1,080 degrees

3. The volume of a box of height *h* is $2h^4 + h^3 + h^2 + h^2 + h$ cubic inches. Simplify the polynomial and then find the volume if the height of the box is 3 inches.

   $2h^4 + h^3 + 2h^2 + h$;
   210 cubic inches

4. The height, in feet, of a rocket launched upward from the ground with an initial velocity of 64 feet per second after *t* seconds is given by $16(4t - t^2)$. Write an equivalent expression for the rocket's height after *t* seconds. What is the height of the rocket after 4 seconds?

   $64t - 16t^2$; 0 ft

Circle the letter of the correct answer.

5. The surface area of a square pyramid with base *b* and slant height *l* is given by the expression $b(b + 2l)$. What is the surface area of a square pyramid with base 3 inches and slant height 5 inches?
   - A 13 square inches
   - B 19 square inches
   - (C) 39 square inches
   - D 55 square inches

6. The volume of a box with a width of $3x$, a height of $4x - 2$, and a length of $3x + 5$ can be found using the expression $3x(12x^2 + 14x - 10)$. Which is this expression, simplified by using the Distributive Property?
   - F $36x^2 + 42x - 30$
   - G $15x^3 + 17x^2 - 7x$
   - H $36x^3 + 14x - 10$
   - (J) $36x^3 + 42x^2 - 30x$

LECCIÓN **14-2**

Resolución de problemas

Cómo simplificar polinomios

Escribe la respuesta correcta.

1. El área de un trapecio se puede hallar usando la expresión $\frac{h}{2}(b_1 + b_2)$ donde *h* es la altura, *b* es la longitud de la base$_1$ y b_2 es la longitud de la base$_2$. Usa la propiedad distributiva para escribir una expresión equivalente.

   $\frac{hb_1}{2} + \frac{hb_2}{2}$

2. La suma de las medidas de los ángulos internos de un polígono con *n* lados es $180(n - 2)$ grados. Usa la propiedad distributiva para escribir una expresión equivalente y usa la expresión para hallar la suma de las medidas de los ángulos internos de un octágono.

   $180n - 360$; 1,080 grados

3. El volumen de una caja de altura *h* es $2h^4 + h^3 + h^2 + h^2 + h$ pulgadas cúbicas. Simplifica el polinomio y luego halla el volumen si la altura de la caja es 3 pulgadas.

   $2h^4 + h^3 + 2h^2 + h$;
   210 pulgadas cúbicas

4. La altura en pies de un cohete *t* segundos después de ser lanzado hacia arriba desde el suelo con una velocidad inicial de 64 pies por segundo está dada por $16(4t - t^2)$. Escribe una expresión equivalente para la altura del cohete después de *t* segundos. ¿Cuál es la altura del cohete después de 4 segundos?

   $64t - 16t^2$; 0 pies

Encierra en un círculo la letra de la respuesta correcta.

5. El área total de una pirámide cuadrangular con base *b* y una altura inclinada *l* está dada por la expresión $b(b + 2l)$. ¿Cuál es el área total de una pirámide cuadrangular con una base de 3 pulgadas y una altura inclinada de 5 pulgadas?
   - A 13 pulgadas cuadradas
   - B 19 pulgadas cuadradas
   - (C) 39 pulgadas cuadradas
   - D 55 pulgadas cuadradas

6. El volumen de una caja con un ancho de $3x$, una altura de $4x - 2$ y una longitud de $3x + 5$ se puede hallar usando la expresión $3x(12x^2 + 14x - 10)$. ¿Cuál es esta expresión simplificada mediante la propiedad distributiva?
   - F $36x^2 + 42x - 30$
   - G $15x^3 + 17x^2 - 7x$
   - H $36x^3 + 14x - 10$
   - (J) $36x^3 + 42x^2 - 30x$

LESSON 14-3 Problem Solving
Adding Polynomials

Write the correct answer.

1. What is the perimeter of the quadrilateral?

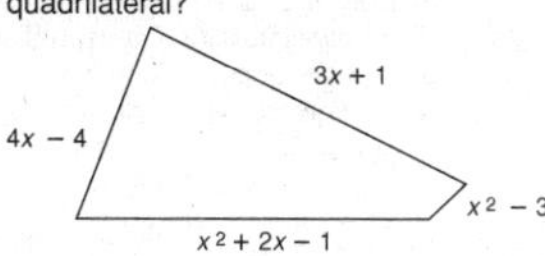

$2x^2 + 9x - 7$

2. Jasmine purchased two rugs. One rug covers an area of $x^2 + 8x + 15$ and the other rug covers an area of $x^2 + 3x$. Write and simplify an expression for the combined area of the two rugs.

$2x^2 + 11x + 15$

3. Anita's school photo is 12 inches long and 8 inches wide. She will surround the photo with a mat of width w. She will surround the mat with a frame that is twice the width of the mat. Find an expression for the perimeter of the framed photo.

$24w + 40$

4. The volume of a right cylinder is given by $\pi r^2 h$. The volume of a right cone is given by $\frac{1}{3}\pi r^2 h$. Write and simplify an expression for the total volume of a right cylinder and right cone combined, if the cylinder and cone have the same radius and height. Use 3.14 for π.

about $4.19r^2h$

Choose the letter of the correct answer.

5. Each side of a square has length $4s - 2$. Which is an expression for the perimeter of the square?
   - A $8s - 2$
   - (B) $16s - 8$
   - C $8s - 4$
   - D $16s - 4$

6. The side lengths of a certain triangle can be expressed using the following binomials: $x + 3$, $2x + 2$, and $3x - 2$. Which is an expression for the perimeter of the triangle?
   - F $2x + 5$
   - G $2x - 1$
   - H $3x + 5$
   - (J) $6x + 3$

7. What polynomial can be added to $2x^2 + 3x + 1$ to get $2x^2 + 8x$?
   - A $5x$
   - B $5x + 1$
   - C $5x^2 - 1$
   - (D) $5x - 1$

8. Which of the following sums is NOT a binomial when simplified?
   - (F) $(b^2 + 5b + 1) + (b^2 + 5b + 1)$
   - G $(b^2 + 5b + 1) + (b^2 + 5b - 1)$
   - H $(b^2 + 5b + 1) + (b^2 - 5b + 1)$
   - J $(b^2 + 5b + 1) + (-b^2 + 5b + 1)$

LECCIÓN 14-3 Resolución de problemas
Cómo sumar polinomios

Escribe la respuesta correcta.

1. ¿Cuál es el perímetro del cuadrilátero?

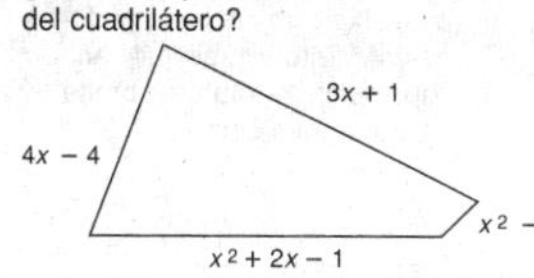

$2x^2 + 9x - 7$

2. Jasmine compró dos alfombras. Una alfombra cubre un área de $x^2 + 8x + 15$ y la otra alfombra cubre un área de $x^2 + 3x$. Escribe y simplifica una expresión para el área combinada de las dos alfombras.

$2x^2 + 11x + 15$

3. La fotografía de Anita de la escuela mide 12 pulgadas de largo y 8 pulgadas de ancho. Anita va a colocar una esterilla de ancho a alrededor de la foto. Alrededor de la estérilla va a colocar un marco que mide el doble de ancho que la esterilla. Halla una expresión para el perímetro de la foto enmarcada.

$24a + 40$

4. El volumen de un cilindro recto está dado por $\pi r^2 h$. El volumen de un cono recto está dado por $\frac{1}{3}\pi r^2 h$. Escribe y simplifica una expresión para el volumen total de un cilindro recto y un cono recto combinados si el cilindro y el cono tienen el mismo radio y la misma altura. Usa 3.14 para π.

aproximadamente $4.19r^2h$

Elige la letra de la respuesta correcta.

5. Cada lado de un cuadrado tiene una longitud de $4l - 2$. ¿Qué expresión es correcta para el perímetro del cuadrado?
   - A $8l - 2$
   - (B) $16l - 8$
   - C $8l - 4$
   - D $16l - 4$

6. Las longitudes de los lados de un determinado triángulo se pueden expresar usando los siguientes binomios: $x + 3$, $2x + 2$ y $3x - 2$. ¿Qué expresión es correcta para el perímetro del triángulo?
   - F $2x + 5$
   - H $3x + 5$
   - G $2x - 1$
   - (J) $6x + 3$

7. ¿Qué polinomio se puede sumar a $2x^2 + 3x + 1$ para obtener $2x^2 + 8x$?
   - A $5x$
   - C $5x^2 - 1$
   - B $5x + 1$
   - (D) $5x - 1$

8. ¿Cuál de las siguientes sumas NO es un binomio cuando se simplifica?
   - (F) $(b^2 + 5b + 1) + (b^2 + 5b + 1)$
   - G $(b^2 + 5b + 1) + (b^2 + 5b - 1)$
   - H $(b^2 + 5b + 1) + (b^2 - 5b + 1)$
   - J $(b^2 + 5b + 1) + (-b^2 + 5b + 1)$

LESSON 14-4 Problem Solving
Subtracting Polynomials

Write the correct answer.

1. Molly made a frame for a painting. She cut a rectangle with an area of $x^2 + 3x$ square inches from a piece of wood that had an area of $2x^2 + 9x + 10$ square inches. Write an expression for the area of the remaining frame.

$x^2 + 6x + 10$

2. The volume of a rectangular prism, in cubic inches, is given by the expression $2t^3 + 7t^2 + 3t$. The volume of a smaller rectangular prism is given by the expression $t^3 + 2t^2 + t$. How much greater is the volume of the larger rectangular prism?

$t^3 + 5t^2 + 2t$

3. The area of a square piece of cardboard is $4y^2 - 16y + 16$ square feet. A piece of the cardboard with an area of $2y^2 + 2y - 12$ square feet is cut out. Write an expression to show the area of the cardboard that is left.

$2y^2 - 18y + 28$

4. A container is filled with $3a^3 + 10a^2 - 8a$ gallons of water. Then $2a^3 - 3a^2 - 3a + 2$ gallons of water are poured out. How much water is left in the container?

$a^3 + 13a^2 - 5a - 2$ gallons

Circle the letter of the correct answer.

5. The perimeter of a rectangle is $4x^2 + 2x - 2$ meters. Its length is $x^2 + x - 2$ meters. What is the width of the rectangle?
   - A $3x^2 + x + 2$ meters
   - B $2x^2 + 2$ meters
   - (C) $x^2 + 1$ meters
   - D $\frac{3}{2}x - \frac{1}{2}x + 1$ meters

6. On a map, points A, B, and C lie in a straight line. Point A is $x^2 + 2xy + 5y$ miles from Point B. Point C is $3x^2 - 5xy + 2y$ miles from Point A. How far is Point B from Point C?

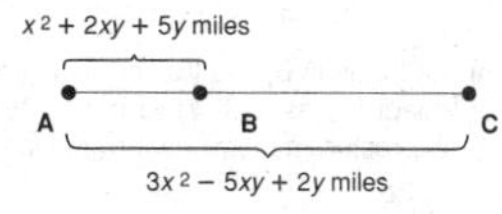

   - F $-2^2 + 7 + 3y$ miles
   - G $4x^2 - 3xy + 7y$ miles
   - H $-4x^2 + 3xy - 7y$ miles
   - (J) $2x^2 - 7xy - 3y$ miles

LECCIÓN 14-4 Resolución de problemas
Cómo restar polinomios

Escribe la respuesta correcta.

1. Molly hizo un marco para una pintura. Cortó un rectángulo con un área de $x^2 + 3x$ pulgadas cuadradas de un trozo de madera que tenía un área de $2x^2 + 9x + 10$ pulgadas cuadradas. Escribe una expresión para el área del marco resultante.

$x^2 + 6x + 10$

2. El volumen de un prisma rectangular, en pulgadas cúbicas, está dado por la expresión $2t^3 + 7t^2 + 3t$. El volumen de un prisma rectangular más pequeño está dado por la expresión $t^3 + 2t^2 + t$. ¿Cuánto mayor es el volumen del prisma rectangular más grande?

$t^3 + 5t^2 + 2t$

3. El área de un trozo cuadrado de cartón es $4y^2 - 16y + 16$ pies cuadrados. Se corta un trozo de ese cartón con un área de $2y^2 + 2y - 12$ pies cuadrados. Escribe una expresión para el área del cartón que queda.

$2y^2 - 18y + 28$

4. Se llena un recipiente con $3a^3 + 10a^2 - 8a$ galones de agua. Luego se sacan $2a^3 - 3a^2 - 3a + 2$ galones de agua. ¿Cuánta agua queda en el recipiente?

$a^3 + 13a^2 - 5a - 2$ galones

Encierra en un círculo la letra de la respuesta correcta.

5. El perímetro de un rectángulo es $4x^2 + 2x - 2$ metros. Su longitud es $x^2 + x - 2$ metros. ¿Cuál es el ancho del rectángulo?
   - A $3x^2 + x + 2$ metros
   - B $2x^2 + 2$ metros
   - (C) $x^2 + 1$ metros
   - D $\frac{3}{2}x - \frac{1}{2}x + 1$ metros

6. En un mapa, los puntos A, B y C están en una línea recta. El punto A está a $x^2 + 2xy + 5y$ millas del punto B. El punto C está a $3x^2 - 5xy + 2y$ millas del punto A. ¿A qué distancia está el punto B del punto C?

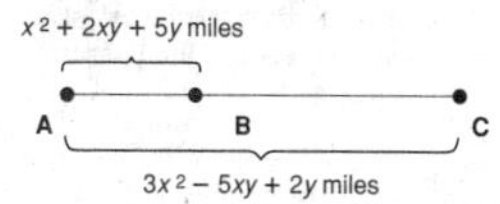

   - F $-2^2 + 7 + 3y$ millas
   - G $4x^2 - 3xy + 7y$ millas
   - H $-4x^2 + 3xy - 7y$ millas
   - (J) $2x^2 - 7xy - 3y$ millas

LESSON **14-5**

Problem Solving

Multiplying Polynomials by Monomials

Write the correct answer.

1. A rectangle has a width of $5n^2$ inches and a length of $3n^2 + 2n + 1$ inches. Write and simplify an expression for the area of the rectangle. Then find the area of the rectangle if $n = 2$ inches.

   $15n^4 + 10n^3 - 5n^2$; 340 square inches

2. The area of a parallelogram is found by multiplying the base and the height. Write and simplify an expression for the area of the parallelogram below.

   $3mn^2$

   $5n - 7$

   $15mn^3 - 21mn^2$

3. A parallelogram has a base of $2x^2$ inches and a height of $x^2 + 2x - 1$ inches. Write an expression for the area of the parallelogram. What is the area of the parallelogram if $x = 2$ inches?

   $2x^4 + 4x^3 - 2x^2$; 56 square inches

4. A rectangle has a length of $x^2 + 2x - 1$ meters and a width of x^2 meters. Write an expression for the area of the rectangle. What is the area of the rectangle if $x = 3$ meters?

   $x^4 + 2x^3 - x^2$; 126 m^2

Circle the letter of the correct answer.

5. A rectangle has a width of $3x$ feet. Its length is $2x + \frac{1}{6}$ feet. Which expression shows the area of the rectangle?

   A $5x + \frac{1}{6}$
   B $6x^2 + \frac{1}{2}x^2$
   C $6x^2 + \frac{1}{2}$
   Ⓓ $6x^2 + \frac{1}{2}x$

6. Which expression shows the area of the shaded region of the drawing?

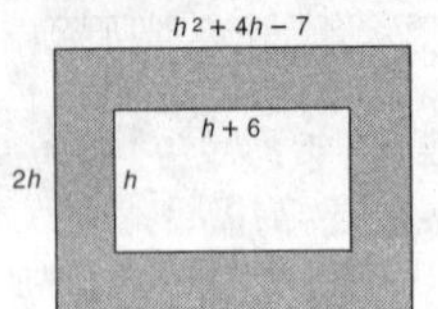

   F $2h^3 + 8h - 14h$
   G $2h^3 + 9h^2 - 8h$
   Ⓗ $2h^3 + 7h^2 - 20h$
   J $2h^3 + 7h^2 - 8h$

LECCIÓN **14-5**

Resolución de problemas

Cómo multiplicar polinomios por monomios

Escribe la respuesta correcta.

1. Un rectángulo tiene un ancho de $5n^2$ pulgadas y una longitud de $3n^2 + 2n + 1$ pulgadas. Escribe y simplifica una expresión para el área del rectángulo. Luego halla el área del rectángulo si $n = 2$ pulgadas.

   $15n^4 + 10n^3 - 5n^2$; 340 pulgadas cuadradas

2. El área de un paralelogramo se halla multiplicando la base por la altura. Escribe y simplifica una expresión para el área del siguiente paralelogramo.

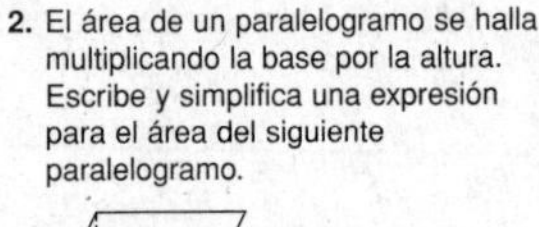

   $15mn^3 - 21mn^2$

3. Un paralelogramo tiene una base de $2x^2$ pulgadas y una altura de $x^2 + 2x - 1$ pulgadas. Escribe una expresión para el área del paralelogramo. ¿Cuál es el área del paralelogramo si $x = 2$ pulgadas?

   $2x^4 + 4x^3 - 2x^2$; 56 pulgadas cuadradas

4. Un rectángulo tiene una longitud de $x^2 + 2x - 1$ metros y un ancho de x^2 metros. Escribe una expresión para el área del rectángulo. ¿Cuál es el área del rectángulo si $x = 3$ metros?

   $x^4 + 2x^3 - x^2$; 126 m^2

Encierra en un círculo la letra de la respuesta correcta.

5. Un rectángulo tiene un ancho de $3x$ pies. Su longitud es $2x + \frac{1}{6}$ pies. ¿Qué expresión muestra el área del rectángulo?

   A $5x + \frac{1}{6}$
   B $6x^2 + \frac{1}{2}x^2$
   C $6x^2 + \frac{1}{2}$
   Ⓓ $6x^2 + \frac{1}{2}x$

6. ¿Qué expresión muestra el área de la parte sombreada del dibujo?

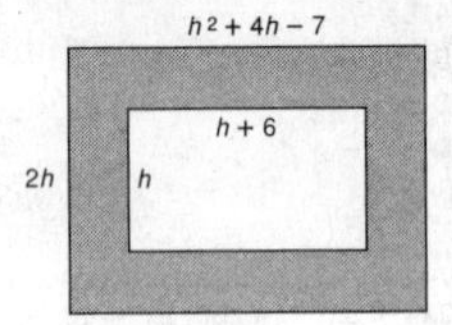

   F $2h^3 + 8h - 14h$
   G $2h^3 + 9h^2 - 8h$
   Ⓗ $2h^3 + 7h^2 - 20h$
   J $2h^3 + 7h^2 - 8h$

LESSON **14-6**

Problem Solving

Multiplying Binomials

Write and simplify an expression for the area of each polygon.

	Polygon	Dimensions	Area
1.	rectangle	length: $(n + 5)$; width: $(n - 4)$	$n^2 + n - 20$
2.	rectangle	length: $(3y + 3)$; width: $(2y - 1)$	$6y^2 + 3y - 3$
3.	triangle	base: $(2b - 5)$; height: $(b^2 + 2)$	$b^3 - \frac{5}{2}b^2 + 2b - 5$
4.	square	side length: $(m + 13)$	$m^2 + 26m + 169$
5.	square	side length: $(2g - 4)$	$4g^2 - 16g + 16$
6.	circle	radius: $(3c + 2)$	$(9c^2 + 12c + 4)\pi$

Choose the letter of the correct answer.

7. A photo is 8 inches by 11 inches. A frame of width x inches is placed around the photo. Which expression shows the total area of the frame and photo?

   A $x^2 + 19x + 88$
   Ⓑ $4x^2 + 38x + 88$
   C $8x + 38$
   D $4x + 19$

8. Three consecutive odd integers are represented by the expressions, x, $(x + 2)$ and $(x + 4)$. Which expression gives the product of the three odd integers?

   F $x^3 + 8$
   Ⓖ $x^3 + 6x^2 + 8x$
   H $x^3 + 6x^2 + 8$
   J $x^3 + 2x^2 + 8x$

9. A square garden has a side length of $(b - 4)$ yards. Which expression shows the area of the garden?

   A $2b - 8$
   B $b^2 + 16$
   C $b^2 - 8b - 16$
   Ⓓ $b^2 - 8b + 16$

10. Which expression gives the product of $(3m + 4)$ and $(9m - 2)$?

   Ⓕ $27m^2 + 30m - 8$
   G $27m^2 + 42m - 8$
   H $27m^2 + 42m + 8$
   J $27m^2 + 30m + 8$

LECCIÓN **14-6**

Resolución de problemas

Cómo multiplicar binomios

Escribe y simplifica una expresión para el área de cada polígono.

	Polígono	Dimensiones	Área
1.	rectángulo	longitud: $(n + 5)$; ancho: $(n - 4)$	$n^2 + n - 20$
2.	rectángulo	longitud: $(3y + 3)$; ancho: $(2y - 1)$	$6y^2 + 3y - 3$
3.	triángulo	base: $(2b - 5)$; altura: $(b^2 + 2)$	$b^3 - \frac{5}{2}b^2 + 2b - 5$
4.	cuadrado	longitud de los lados: $(m + 13)$	$m^2 + 26m + 169$
5.	cuadrado	longitud de los lados: $(2g - 4)$	$4g^2 - 16g + 16$
6.	círculo	radio: $(3c + 2)$	$(9c^2 + 12c + 4)\pi$

Elige la letra de la respuesta correcta.

7. Una fotografía mide 8 pulgadas por 11 pulgadas. Se coloca un marco con un ancho de x pulgadas alrededor de la fotografía. ¿Qué expresión muestra el área total del marco y la fotografía?

   A $x^2 + 19x + 88$
   Ⓑ $4x^2 + 38x + 88$
   C $8x + 38$
   D $4x + 19$

8. Tres números enteros impares consecutivos se representan mediante las expresiones x, $(x + 2)$ y $(x + 4)$. ¿Qué expresión da el producto de los tres números enteros impares?

   F $x^3 + 8$
   Ⓖ $x^3 + 6x^2 + 8x$
   H $x^3 + 6x^2 + 8$
   J $x^3 + 2x^2 + 8x$

9. La longitud de los lados de un jardín cuadrado es $(b - 4)$ yardas. ¿Qué expresión muestra el área del jardín?

   A $2b - 8$
   B $b^2 + 16$
   C $b^2 - 8b - 16$
   Ⓓ $b^2 - 8b + 16$

10. ¿Qué expresión da el producto de $(3m + 4)$ y $(9m - 2)$?

   Ⓕ $27m^2 + 30m - 8$
   G $27m^2 + 42m - 8$
   H $27m^2 + 42m + 8$
   J $27m^2 + 30m + 8$